本当に役立つAIの作り方・使い方

ChatGPT × GPTs カスタマイズ大全

GPT-4o 対応

本書内容に関するお問い合わせについて

このたびは翔泳社の書籍をお買い上げいただき、誠にありがとうございます。弊社では、読者の皆様からのお問い合わせに適切に対応させていただくため、以下のガイドラインへのご協力をお願い致しております。下記項目をお読みいただき、手順に従ってお問い合わせください。

●ご質問される前に

弊社Webサイトの「正誤表」をご参照ください。これまでに判明した正誤や追加情報を掲載しています。

正誤表　https://www.shoeisha.co.jp/book/errata/

●ご質問方法

弊社Webサイトの「書籍に関するお問い合わせ」をご利用ください。

書籍に関するお問い合わせ　https://www.shoeisha.co.jp/book/qa/

インターネットをご利用でない場合は、FAXまたは郵便にて、下記"翔泳社 愛読者サービスセンター"までお問い合わせください。
電話でのご質問は、お受けしておりません。

●回答について

回答は、ご質問いただいた手段によってご返事申し上げます。ご質問の内容によっては、回答に数日ないしはそれ以上の期間を要する場合があります。

●ご質問に際してのご注意

本書の対象を超えるもの、記述個所を特定されないもの、また読者固有の環境に起因するご質問等にはお答えできませんので、予めご了承ください。

●郵便物送付先およびFAX番号

送付先住所　〒160-0006　東京都新宿区舟町5
FAX番号　　03-5362-3818
宛先　　　　（株）翔泳社 愛読者サービスセンター

※本書に記載されたURL等は予告なく変更される場合があります。
※本書の出版にあたっては正確な記述につとめましたが、著者や出版社などのいずれも、本書の内容に対してなんらかの保証をするものではなく、内容やサンプルに基づくいかなる運用結果に関してもいっさいの責任を負いません。
※本書に記載されている会社名、製品名はそれぞれ各社の商標および登録商標です。
※本書の内容は2024年9月15日現在の情報などに基づいています。
※本書のChatGPTによる回答テキストはGPT-4oを使用して生成したものです。

はじめに

　ChatGPTに代表される生成AIの登場は、インターネットの登場や産業革命にまで匹敵するほど、大きなインパクトをもたらしました。

　人工知能やAIという言葉は、言葉としてはそれほど新しいものではありません。すでに70年前には、人工知能をテーマに米ニューハンプシャー州ハノーバーのダートマス大学で1カ月にもおよぶ会議が開かれ、ニューラルネットワーク、自然言語処理、計算理論など、今日でも重要とされる分野に関してブレーンストーミングが行われています。

　これらの研究の成果ともいえるのが、生成AIだといっていいでしょう。その代表ともいえるのが、OpenAIが開発・提供しているChatGPTなのです。

　ChatGPTに何らかの指示や命令を与えれば、それに対応する回答が返ってきます。膨大な量のデータと推論から生成された回答は、ユーザーの疑問に答え、テキストを作り、なおかつ画像や音声、動画、さらにプログラムさえも作り出してくれます。まるでコンピュータが考えたかのような回答です。

　もちろん、それらの回答がすべて、役立つものや正解なわけではありません。また、求めていた回答を得るためには、コンピュータにどのように指示を与えるかという、プロンプトエンジニアリングの知識や技術も必要です。

　これを豊富な例を挙げながら解説したのが、拙著『10倍速で成果が出る！ ChatGPTスゴ技大全』（翔泳社）です。さらに、ChatGPTを仕事に活かす方法として、『作業効率が10倍アップする！ ChatGPT × Excelスゴ技大全』（翔泳社）を著しましたが、それでもまだ生成AIなど役立たない、自分の仕事には向かないという読者の声も届いてきました。

　ChatGPTは、いわば汎用型生成AIです。自分の仕事や要望に本当に役立つAIにしようと思えば、汎用型から専用のAIに育てる必要があるのです。そのための機能として、ChatGPTにはGPTsというカスタマイズ機能が盛り込まれています。

GPTsという自分専用のAIにカスタマイズすれば、もっと自分の仕事や要望に添う回答、それもより精度の高い回答を引き出せるようになります。

　このGPTsは、ChatGPTのユーザーなら誰でも利用できますが、自分専用のGPTsを作成するためには有料会員になる必要があります。また、役立つGPTsにするためには、それ用のデータを教え込む必要もあるでしょう。

　GPTsは、ノーコードで専用のAIが作成できるとはいっても、本当に役立つGPTsを作るためには、やはりコードを記述する必要もあります。ただし、そのコードさえも、実はChatGPTに指示して書き出させることさえできます。

　本書では、これらのGPTsの作成方法を、例を挙げながら詳細に解説しました。

　ChatGPTなどあまり仕事に役立たない、と感じている方は、ぜひ本書で解説しているGPTsの作成機能を利用して、ChatGPTを自分用にカスタマイズしてみてください。カスタマイズされたGPTsは、必ずあなたの仕事や人生に役立つ有能な秘書となり、先生となり、友人となってくれるはずです。

　AIを恐れず、侮らず、活用すること——それこそがAI時代に求められているスキルではないでしょうか。ChatGPTを使いこなし、本当に役立つAIを作り出したい方に、本書が参考になれば幸いです。

2024年10月　武井 一巳

本当に役立つAIの作り方・使い方　ChatGPT × GPTsカスタマイズ大全●もくじ

はじめに　3

Chapter 1

ChatGPTからGPTsへ　*13*

ChatGPTとGPTs　*14*
GPTsが生成AIの実用性をさらに高める
▼ GPTsの登場　15　　▼ カスタマイズGPTが可能に　16

ChatGPTを使ってみよう　*17*
自分の要望や指示に最も適した回答をしてくれるモデルを活用する
▼ GPTの種類　18

ChatGPTのログイン　*20*
アカウントを作成する

ChatGPTの基本操作と設定　*23*
基本操作はいたって簡単

ChatGPTをカスタマイズする　*26*
普段使う指示の設定にしてしまう
▼ カスタマイズ機能の設定方法　26

カスタムGPTとは？　*32*
自分専用のGPTを作る
▼ カスタムGPTを使ってみる　33

5

ChatGPT Plus に移行して GPT でできること
無料版と有料版の違い

37

ChatGPT Plus への移行方法
有料だが、利用できる機能が増える

40

Chapter 2

誰でも簡単に作れる！
GPT の基本と作成

45

GPT のしくみと作成の流れ
誰でも簡単にカスタム GPT を作成できる
▼ GPT Builder を使ったカスタム GPT 作り 46

46

GPT Builder の起動
左右に分かれた画面で操作する

48

対話型で GPT を作る
会話をしながらアイデアを膨らませていく
▼ 対話型で GPT を作る手順 50　　▼ プロフィール画像の作成 54
▼ 言葉遣いを決定する 55　　　　▼ 共有するユーザーの範囲を決める 58

50

テンプレートによる GPT 作成
カスタム GPT 作成のもうひとつの方法
▼ GPT Builder の「構成」画面 61

61

GPT の機能を決定する対話シナリオの作成
シナリオの作り込みが回答の精度を左右する

67

GPTの頭脳を鍛える
事前学習のために個別のデータを学習させる

70

カスタムGPTの実例とテスト
公開前に正しく動作するか確認する

73

Chapter 3

自分だけのGPTを作る
プロンプトの指定方法

77

プロンプトを設計する
用途を限定することが望んだ回答を引き出す鍵
▼カスタムGPTにも同じことがいえる 79

78

プロンプトの基本ルール
目的を指定しておく

80

GPTが何をするのか明確にする
ユーザーがプロンプトで指定する指示や命令を代用する
▼画像を表示するよう設定する 83

82

効果的なプロンプトを作るポイント
GPTに回答してほしくないことを設定する
▼その他の効果的なプロンプト 86

85

パラメータを変更する
ChatGPTの隠れた機能
▼パラメータの種類 90

90

テストとフィードバック
93

カスタムGPTの使い勝手や性能を左右する重要な部分

▼カスタムGPTの調整のやり方 93 　　▼プロンプトのコメントアウト 95

ウェブ参照を利用しよう
97

最新の情報から回答を得る

▼インターネット内を検索して最新の回答を得る方法 97

画像生成を利用する
100

指定に合う画像を生成する

コードインタープリターで
データ分析・加工を行う
103

ノーコードで利用が可能

▼カスタムGPTで利用できるコードインタープリターの機能 104

独自の「知識」を与えよう
109

カスタムGPTを独自の頭脳にする

Chapter 4

カスタムGPTで
もっと仕事がラクになる
115

ビジネスアシスタントとしてのGPT
116

仕事に役立つカスタムGPTを作る

▼スケジュールを確認する 116

もくじ

Googleカレンダーと連携する
120

事前にGoogleカレンダーのAPIが利用できるよう設定しておく
- ▼Googleカレンダーの API 利用設定 121

スケジュール管理専用GPT
138

Googleカレンダーを利用するカスタムGPTを作る
- ▼認証 138
- ▼スキーマの記述 140
- ▼プライバシーポリシー 144
- ▼「承認済みのリダイレクトURL」を設定する 144

ユーザーの質問に回答するGPT
148

AI時代を先取りする便利なGPT
- ▼ユーザーからの質問に答えてくれるGPTの作成法 148

データを分析してグラフにする
150

ファイルをもとにデータ分析させる
- ▼アップロードしたファイルの内容を分析してグラフ化するGPTの作成法 151

画像をアップして経費精算
153

マルチモーダル機能を活用する
- ▼画像をアップロードするやり方 153

英会話学習サポートGPT
156

音声入力を可能にする
- ▼音声入力ができるようにする 156
- ▼英会話のリスキリング用のカスタムGPTを作る 158

テスト問題作成GPT
160

効率的な学習を可能にする
- ▼「テスト問題作成GPT」を作成する方法 161

9

ダミーデータ作成GPT

164

架空データで経営分析シミュレーションを行う

▼ダミーデータの作成の仕方 165

クリエイティブ用途のGPT

168

キーワードを指定して記事を作成する

▼ニュース記事を作成する 168　　▼4コマ漫画を描く 170

自社ロゴも作れる画像生成

174

DALL-Eを利用する

Chapter 5

GPTのもっと高度なカスタマイズ

177

ファインチューニングの方法と実装

178

「知識」に新たにデータを追加し、そのデータを学習させる

▼必要なデータを「知識」欄にアップロードする 178

トレーニングデータの作成とクリーニング

181

ハルシネーションを極力避ける

▼生成AIはときどきウソをつく 182

URLを指定してデータベースを調べる

184

信頼できる情報元を参照させる

▼参照させたいサイトやデータベースを明示的に検索させる指定 184

もくじ

APIとスキーマを調整する
186
GPT作りのネックになる部分も簡単に解決
▼APIを利用するためのスキーマの書き方を質問する 186
▼APIを使ってスキーマを記述してGPTを作成する方法 187

アップロードしたファイルをPDFに変換する
193
ファイルを整形する
▼ファイルをアップロードし、PDF形式に変換させる方法 194

メンション機能で複数のGPTを使う
198
GPT間をあちこち動き回る
▼GPTの回答を別のGPTに渡して分析させる 199

WebPilotでネット検索の強化
203
プラグイン廃止に伴う対策
▼WebPilotを利用したネット検索を強化するやり方 203

Chapter 6

GPTストアを活用しよう
209

作成したGPTの運用
210
同僚や友人、知人にも活用してもらう
▼他者にGPTを利用してもらうやり方 210

便利なGPTストア
214
他の人が作成したGPTを活用する
▼GPTストアの活用の仕方 214

ビジネスにも活用できるGPTs
おすすめのビジネス向けGPTs

217

文書作成に利用できるGPTs
おすすめの文書作成GPTs

221

生産性が上がるGPTs
おすすめの効率アップGPTs

226

画像生成を活用したGPTs
おすすめの画像生成GPTs

229

プログラミングに活かせるGPTs
おすすめのプログラミング作成支援GPTs

233

趣味に活かすGPTs
おすすめの日常生活や趣味などに役立つGPTs

237

GPTストアへの公開
世界中のユーザーに利用してもらう

240

▼GPTストアへの登録の仕方 240

索引 243

Chapter 1

ChatGPTから
GPTsへ

ChatGPTとGPTs

GPTsが生成AIの実用性をさらに高める

　自動的に文章を作成してくれるテキスト生成AIのChatGPTは、2022年11月に登場しました。登場するやまたたく間に世界中で人気となり、会員数も急増。いまや日常生活にもビジネスにも、なくてはならない道具となりつつあります。

　ChatGPTの登場後、Microsoft社のCopilot、GoogleのBing→Gemini、それにFacebookのMetaやApple社といったビッグテックを中心に生成AIが開発され、さらにサイバーエージェントやNTTといった日本企業からも、日本独自の生成AIが登場しています。

　生成AIとは、たとえばChatGPT（OpenAI）に代表されるように、従来の著作物やインターネット上のさまざまな情報などのビッグデータを蓄積し、これらのデータのパターンや言語の関係を学習してユーザーの命令に従って新しいコンテンツを生成するものです。**これはテキストに限りません。**画像や音声、動画といったコンテンツやプログラムのコードさえも生成AIによって作成させることができるのです。

　ひと昔前のSF小説にも出てきそうですが、この人工知能──Artificial Intelligence＝AI──がすでに実用段階に入っているわけです。

　生成AIブームの先陣を切ったChatGPTですが、これは米サンフランシスコに本社を置く非営利法人のOpenAI, Inc.とその子会社の営利法人OpenAI Global, LLCなどからなる企業です。2015年にサム・アルトマン、イーロン・マスクらによって、「人類全体に利益をもたらす汎用人工知能（AGI）を普及・発展させること」を目標に掲げて設立され、以後一貫して人工知能の研究・開発を進めてきました。

　電気自動車のテスラのCEOやX（旧Twitter）の個人筆頭株主としても知られるイーロン・マスクは、2018年には役員を辞任してOpenAIからも

離れていますが、サム・アルトマンを中心に人工知能チャットボットの開発が進められ、2022年11月に公開されたのがChatGPTなのです。

ChatGPTは、一般的にはテキスト生成AIと呼ばれるもので、チャットボット、対話型生成AIなどとも呼ばれています。チャット（対話）形式で文章を生成させるAIです。

大規模言語モデルを使い、事前に膨大な量のデータを学習させ、それによってユーザーが指定した命令や要望に添った文章を作り出してくれます。大規模言語モデルにはいくつかの方式がありますが、ChatGPTに利用されているのは**GPT**（Generative Pre-trained Transformer）と呼ばれるもので、「事前に言語の学習をさせた文章作成機」と訳せるものです。

▼GPTsの登場

このChatGPTによって、誰もが手軽に人工知能を利用して、テキストや画像などを生成できるようになったのですが、2023年11月からは**GPTs**と呼ばれるカスタムAIも登場しました。

実はOpenAIでは、23年11月にGPTsをスタートさせ、翌24年1月には**GPTストア**もリリースしています。GPTsは、**ユーザーが作成できる特定用途に特化したカスタムAI**で、このユーザーやサードパーティーが作成したGPTを配布・販売するのがGPTストアです。

Appleが音楽や動画などを販売するプラットフォームとして、Apple Musicを運営し、iPhoneやiPad用のアプリケーションを配布・販売するプラットフォームとしてApp Storeを運営しているのと同じように、OpenAIは生成AIのプラットフォームとしてGPTストアの運営に乗り出した、と考えてもいいでしょう。

近年、IT業界では独自のプラットフォームを展開することで、大きな利益を上げてきました。Appleに限らず、Googleは検索プラットフォーム、アマゾンはネットショップのプラットフォームといった具合です。

まったく同じように、OpenAIはAIのプラットフォーム化を推し進めています。今後のAIにとってGPTは、それほど重要な位置づけなわけです。

▼カスタムGPTが可能に

ChatGPTは、誰でも簡単にAIを利用して、求める文章や画像を生成させることができます。それだけで驚くほど便利ではないかと思うかもしれませんが、実際には**汎用型のGPT**にすぎません。

しかし、GPTなら自社製品のマニュアルに添ったユーザーサポート用のチャットボットが可能です。汎用型のAIでは、ユーザーの質問や要望に一般的な回答が返ってくるだけですが、製品に特化したGPTならその製品の使い方に限定された回答が返ってきます。従来ならFAQ（Frequently Asked Questions ＝ よくある質問とその回答）にまとめられていたり、サポート要員によって回答されたり、あるいはマニュアルの該当ページを答えることで対応していましたが、こうしたことがカスタムGPTなら可能なのです。

あるいは、業種や企業によって作成される書類の形式などは異なっています。ChatGPTに見積書の書式を質問すれば、ごく汎用の形式の見積書を回答してくれます。しかし、それでは自社の形式に合わないことがほとんどでしょう。カスタムGPTなら、自社の形式そのものの書式を回答してくれるわけです。

ChatGPTのスタート以来、この生成AIを便利に活用してきたユーザーにとって、GPTsは生成AIの実用性をもっと高めてくれる機能なのです。

👆 **Point**

GPTsを活用すれば生成AIの実冊性がさらに高まる

ChatGPTを使ってみよう

自分の要望や指示に最も適した回答をしてくれるモデルを活用する

　GPTsを作成したり使ったりしてみる前に、まずChatGPTの基本的な利用法を説明しておきましょう。生成AIについて興味がある読者でも、まだChatGPTを使ったことがないとか、少し使ってみたが回答が予想したものとは異なり役に立たないと感じた人も少なくないでしょう。また、オリジナルのカスタムGPTを作成・活用する前に、**汎用的なChatGPTでも設定によってカスタマイズできる部分もあります**。オリジナルのGPTを作成する前に、まずそれらの設定を変更してみるだけで、ChatGPTの回答をより有益なものにすることもできるのです。

　ChatGPTを利用するためには、WebブラウザでChatGPTのサイト（https://chatgpt.com/）にアクセスします。最初にアクセスすると、誰でも利用できるChatGPTページが表示されます。

ChatGPTのトップページ。誰でもChatGPTが利用できる

▼GPTの種類

　ChatGPTは、以前はアカウントを登録することで利用できましたが、現在ではアカウント登録なしでもChatGPTを使った生成AIが利用できるようになっています。

　ただし、利用できるのは**GPT-3.5**というモデルです。ChatGPTが利用しているのはGPT-3というモデルですが、これを改良したのがGPT-3.5です。ChatGPTはGPT-3.5という言語モデルでサービスを開始しました。

　ChatGPTのトップページ左上には、「ChatGPT 3.5」と表示されていますが、アカウントを登録せずに誰でも利用できるのが、このGPT-3.5というモデルになっているのです。

　もちろん、このGPT-3.5でもそれなりのテキストを生成してくれます。しかし、現在ChatGPTが利用しているのは、GPT-4、GPT-4o、GPT-4o mini、o1-preview、o1-miniの5つのモデルです。**GPT-4**はGPT-3.5の強化版で、3.5のパラメータ数（機械学習モデルが学習中に最適化する必要のある変数。詳しくは90ページで解説します）が約3,550億個であるのに対し、GPT-4では5,000億〜1兆個ともいわれています。パラメータ数が多いほど生成されるテキストの精度が高いとされているので、アカウントを作成してChatGPTにログインし、GPT-4を利用したほうが、より精度の高い回答が得られる可能性が高いわけです。

　さらにGPT-4o、GPT-4o miniも利用できます。**GPT-4o**（オムニ）は**マルチモーダルAI**といって、テキスト、音声、画像、動画など複数の異なる情報源から情報を収集し、これらを統合して処理するシステムになっています。メモ画像を読み込ませてテキストに変換し、その要約を音声で出力させる、などといったことも可能なのです。**GPT-4o mini**は、このGPT-4oの軽量版ですが、軽くなった分、処理速度や精度が向上しています。

　さらに2024年9月からは、**OpenAI o1-preview**と**OpenAI o1-mini**も利用できるようになりました。o1とは、学術分野での難解な課題やコーディング分野に優れており、しかもコストを抑えながら高い精度を実現しています。

Chapter 1　ChatGPTからGPTsへ

　いずれのGPTを使ってもいいのですが、それぞれ試してみて、自分の要望や指示に最も適した回答をしてくれるモデルを中心に活用してみるといいでしょう。ただし、現在利用できるのは登録したアカウントの場合はログインしたユーザーがGPT-4を、さらに有料ユーザーの場合はGPT-4、GPT-4o、GPT-4o mini、o1-preview、o1-miniのすべてです。

　GPT-4を利用するためには、ChatGPTにログインします。アカウントを作成してログインし、GPT-4を利用するだけなら無料ですから、未ログインで無料のGPT-3.5を利用するよりも便利です。

各GPTの特徴

GPTモデル	パラメータ数	入力トークン数	特　徴
GPT-3.5	約3,550億個	4,096トークン	扱えるのはテキストのみ
GPT-4	約5,000億〜1兆個	32,768トークン	テキストと画像が扱える
GPT-4o	未公開	128,000トークン	・ マルチモーダル化により、テキスト、画像、音声、動画などが扱える ・ 出力のスピード・精度が向上
GPT-4o mini	未公開（GPT-4oより小規模）	128,000トークン	マルチモーダルAI、GPT-4oの軽量版で処理速度が向上
o1-preview	非公開	25,000トークン以上を推奨	複雑な推論を可能にし、科学や数学、コーディング分野で優れた性能を発揮
o1-mini	非公開	25,000トークン以上を推奨	o1-previewの軽量高速バージョン

※2024年9月現在、o1-preview、o1-miniには利用回数制限が設定されている

19

ChatGPTのログイン
アカウントを作成する

　GPT-4を利用するためには、ChatGPTのページが表示されたら、右上の「ログイン」をクリックします。するとログインページに変わるので、「サインアップ」をクリックします。すると「アカウントの作成」という画面に変わります。

ChatGPTのトップページで「ログイン」をクリックする

　このとき、メールアドレスを記入して、ChatGPT用のアカウントを作成してもよいのですが、Googleアカウント（Gmailアドレス）やMicrosoftアカウント、あるいはApple IDを持っていれば、それらを利用してChatGPTのアカウントを作成できます。

アカウントの作成ページ

たとえば、ここでは、「Googleで続行」をクリックしてみましょう。すると、「アカウントの選択」と書かれたページに変わるので、使用するアカウントを指定し、パスワードを記入してログインします。

ChatGPTアカウントのために使用するGoogleアカウントを指定する

　これでChatGPTのトップページが表示されます。アカウントを作成する前に表示されたページと、アカウントを作成してログインしてから表示されたページとでは、よく似ていますが少しだけ異なります。
　たとえば、未ログインのときの画面では、左上に「ChatGPT 3.5」と表示されていました。一方、作成したアカウントでログインしたときは、画面上部に「ChatGPT」と表示され、左側にはメニューのようなものが並んでいます。
　また、画面中央にはいくつかのテキストが並んでいます。これはChatGPTとのチャットの例題です。
　ChatGPTの画面は、左右に大きく2つに分かれており、左側はチャット一覧（Chat List）、右側をチャットウィンドウ（Chat Window）と呼んでいます。右側の画面でChatGPTと会話（チャット）を行うと、その会話の履歴が左側に一覧表示されるわけです。
　チャットは対話ですから、質問や要望を出すと、ChatGPTからその回答

ログイン後のChatGPTのトップページ。画面上部には「ChatGPT」と表示される

が表示され、さらに続けて指示や要望を記入すると、それに対するChatGPTの回答が表示されていきます。**同じテーマなら、1つの会話の中で対話していくほうがいいのです。**ChatGPTは1つの会話なら前の要望や指示を覚えていて、それを踏まえた上で回答を返してくれるからです。そのChatGPTとの会話の履歴が、左側のウィンドウにリストとして残されていくわけです。

> 📖 **Memo**
>
> ChatGPTの会話履歴は、不要なものの右端で「...（オプション）」を指定すれば、削除することもできる

> 👆 **Point**
>
> ChatGPTは前の要望や指示を覚えていて、それを踏まえた上で回答してくれるため、同じテーマなら1つの会話の中で対話していくほうがよい

ChatGPTの基本操作と設定

基本操作はいたって簡単

　では実際に、ChatGPTに質問を出し、回答させてみましょう。ChatGPTの右側ウィンドウの下のほうに、「ChatGPTにメッセージを送信する」と記入されたボックスがあります。このボックスが**プロンプト**と呼ばれるもので、ユーザーはここにChatGPTへの要望や質問、命令といったものを記入します。

　たとえば、顧客に送る挨拶状を作らせてみましょう。ここでは次のように指定してみました。

顧客に送る挨拶状を作ってください

顧客に送る挨拶状を作るよう指定した

プロンプトで指示を出すと、前ページの画面のようにChatGPTは即座に挨拶状を作成して画面に表示してくれました。あるいは、同じ内容のものを英文で欲しければ、続けて「英文のものも作成してください」と指定してみます。

続けて英文の挨拶状も作成してみた

　同じ会話の中での指定ですから、わざわざ「挨拶状」と指定する必要などありません。ChatGPTは同じ会話の中での指定のため、日本語の挨拶状を作成した後、「英文も」と指定されたので英文の挨拶状も作成したわけです。
　別のテーマの指示を出したいときは、左側ウィンドウのチャット履歴一覧の上部にある「ChatGPT」をクリックします。これで右側のチャットウィンドウからいま指示・回答が表示されていた画面が、何もない最初の画面に変わります。
　ChatGPTの基本操作はこれだけです。プロンプトで指示や命令を出すと、その回答が表示され、新たなテーマで会話をしたいときは、左側ウィンドウで「ChatGPT」をクリックするだけです。以前の会話を続けたいときは、履歴の中からその会話を見つけてクリックし、やはりプロンプトに指示や命令を出して会話を続けていきます。

Chapter 1 ChatGPTからGPTsへ

> **📖 Memo**
>
> ChatGPTやGPTの画面、メニューなどが英語で表示されているときは、設定画面で日本語に変更できる。ChatGPT画面の右上にある自分のアイコンをクリックし、「Settings」を指定。さらに表示された「Settings」ダイアログボックス内左側メニューで「General」を指定すると、右側画面にいくつかの設定項目が出てくる。
>
> 通常、この言語設定は自動で検出されるようになっているが、英語表示のときはここを「日本語」に変更する。
>
> これでChatGPT画面もGPT画面も、日本語の表示やメニューに変わる
>
>
>
> 「General」を指定すると、希望の言語を設定できる

ChatGPTをカスタマイズする
普段使う指示の設定にしてしまう

　ChatGPTを利用する上で重要なのは、実は**どのような指示を出すかというプロンプトの書き方そのもの**です。曖昧な指示では、回答も曖昧なもの、あるいは的外れなものになってしまいます。

　ユーザーが求める回答は、より具体的で正しい要望を伝えなければ返ってきません。ChatGPTを使ってはみたものの、正しい回答や望むような文章が生成されないと嘆いているユーザーは、プロンプトの指示の仕方が間違っている可能性が高いのです。

　ChatGPTを使っていて、いつも同じような指示を与えることが多ければ、ChatGPTを**カスタマイズしてしまう**のも効果的です。

　たとえば、プロンプトでは日本語で指示するが、回答は英文で欲しいといったケースでは、プロンプトで指示を出すときに「回答は英文で」などと指示しますが、この指示をしなくてもいつでも英文で回答させることができます。ChatGPTのカスタマイズ機能を利用するのです。

▼カスタマイズ機能の設定方法

　ChatGPTのカスタマイズ機能は、設定画面で設定・変更できます。ChatGPTの画面右上にユーザーアイコンが表示されています。これは、現在ログインして利用しているユーザーを示すものです。このアイコンをクリックすると、いくつかのメニューが出てきます。

　表示されたメニューの中に、「ChatGPTをカスタマイズする」という項目があります。この項目をクリックすると、「ChatGPTをカスタマイズする」と書かれたダイアログボックスが現れます。

> 📖 **Memo**
>
> 「ChatGPT をカスタマイズする」という項目は、メニューから「設定」-「パーソナライズ」-「カスタム指示」を指定しても、やはり「ChatGPT をカスタマイズする」ダイアログボックスが表示される

この「ChatGPT をカスタマイズする」ダイアログボックスには、上下に次の2つの設定項目があります。

・カスタム指示

ここでは ChatGPT が回答するとき、質問者、つまり**あなたがどのような人なのか**を記述しておきます。どこに住んでいるのか、職業や趣味、関心事は何なのか、といったことを記入しておくといいでしょう。

たとえば、あなたが IT 企業に勤めるプログラマーの場合と、小学校の低学年を担当する先生だった場合、ChatGPT に同じ質問や指示を与えても、その回答は微妙に異なってきます。あまりにプライベートなことまで記述しておく必要はありませんが、あなたの情報を少しでも記述しておくと、ChatGPT の回答も求めているものに近くなる可能性があります。

・どのように ChatGPT に回答してほしいですか？

ChatGPT の回答方法を指定しておきます。プロンプトで毎回、「中学生にもわかるよう簡単に」などと指定しているようなら、最初からこの欄に「中学生にもわかるよう簡単に回答してください」などと記入しておくわけです。

あるいは、プログラムコードを回答させることが多ければ、「可能な限り JavaScript のコードを出力してください」などと指定しておいてもいいでしょう。「回答は簡潔な英語で」「500字以内で簡潔に」「必ず箇条書きで」などといった指定も有効です。

金融機関のビジネスパーソンなら、「金融や経済に詳しい専門家の立場

で回答してください」と記入しておけば、ChatGPTからの回答は金融や経済の専門家としての立場で回答してくれるようになります。

同じように、「高度なスキルを持つプログラマーとして」「ベテランの中学教師として」「弁護士や検事のような法律の専門家として」など**ChatGPTの立場を記入しておく**と、より専門的な回答が返ってくる可能性があります。

設定を確認・変更したら、ダイアログボックス左下の「新しいチャットで有効にする」が有効になっているかを確認し、右下の「保存する」をクリックします。これで利用者の特性や立場、さらにChatGPTの立場や回答の形式などが設定できます。

👆 Point

カスタマイズ機能を利用すれば、わざわざ指示をしなくても、いつも指示通りの回答を得られる

Chapter 1 ChatGPTからGPTsへ

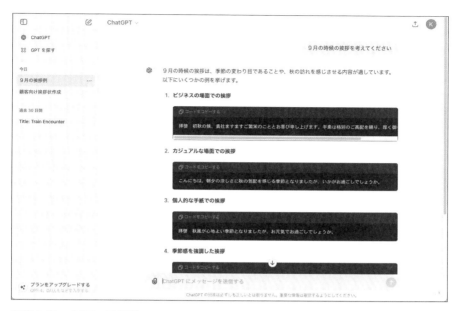

通常のChatGPTの回答例

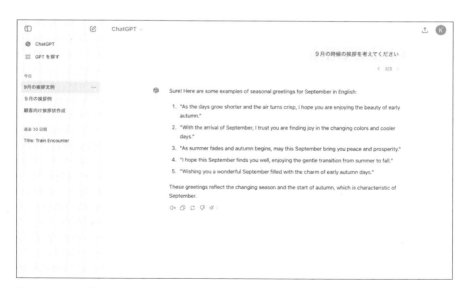

「回答はすべて英語で」と指定しておいたときのChatGPTの回答例

29

1　ユーザーアイコンをクリックする

2　「ChatGPTをカスタマイズする」をクリックする

Chapter 1 ChatGPT から GPTs へ

3 「ChatGPTをカスタマイズする」のダイアログボックスが現れる

4 「新しいチャットで有効にする」が有効になっていることを確認し（①）、「保存する」をクリックする（②）

カスタムGPTとは?

自分専用のGPTを作る

　前節で述べたように、ChatGPTは無料版でもカスタマイズすることで、利用者に合わせた回答を引き出せる可能性が高くなりますが、実はもっとカスタマイズして、自分専用のカスタムGPTにしてしまうこともできます。

　カスタムGPTとは、自分専用のGPTのことです。ChatGPTに指示を出すとき、毎回同じデータを読み込ませ、そのデータを分析させて回答させたり、自社の特殊事情に合わせて書式を指定したりすることもあるでしょう。

　そんな利用が多いなら、GPTそのものをカスタマイズしてしまったほうが、ずっと効率的に活用できるようになります。

　卑近な例でいえば、本書の原稿のようなテキストは、出版社によって利用する用字用語が異なっています。たとえば、ある出版社では「コンピュータ」と記し、別の出版社では「コンピューター」と最後に音引きを付けたり、あるいは「行う」と送り仮名を振る社もあれば、「行なう」と書く社もあります。

　これらの用字用語の統一は、最終的には編集者や校正者が行いますが、提出前の原稿段階で統一されていたほうが手間が省けます。

　出版業界だけでなく、各企業でも報告書や企画書などの書類で、用字用語の統一を行っていることもあるでしょう。用字用語まで統一しなくても、書類の形式は統一している企業は少なくありません。

　ChatGPTに報告書を作成させようと思ったが、形式や書式が汎用的なため自社には合わず、最終的にすべて書き直すことになってしまったことから、ChatGPTでは効率的な書類作成はできない、といった声をよく耳にします。こんなケースも自社に合わせたカスタムGPTを利用すれば、これまでの何倍、何十倍も書類作りが効率的に行えるようになるはずです。

　たとえば、ChatGPTのトップページのチャット画面右上に表示されてい

るユーザーのアイコンをクリックし、現れたメニューから「マイGPT」を指定してみましょう。すると「GPT」ページが表示されます。

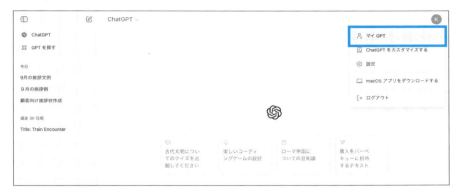

トップページのメニューから「マイGPT」を指定する

GPTページに変わる

▼カスタムGPTを使ってみる

　GPTトップページに表示されているのは、企業や他のユーザーが作成したカスタムGPTです。種類別にライティング、生産性、研究と分析、教育、ライフスタイル、プログラミングなどがありますが、たとえば人気の高いGPTとしてLifestyle分野に「Travel Guide」というGPTがあります。GPTの

説明によれば、世界中の旅行先や旅行計画などを表示してくれるものです。

　試しにこの「Travel Guide」を使ってみましょう。Lifestyleカテゴリーから「Travel Guide」をクリックすると、このGPTの簡単な説明や機能、さらにユーザーからの評価などが表示されます。このGPTを使ってみるには、ダイアログボックス下部の「チャットを開始する」をクリックします。

Lifestyleカテゴリーの中に「Travel Guide」GPTがある

　このGPTは、旅行したい先の地名などを記入するだけで、その都市の文化的な見どころや魅力、おすすめの体験や旅行のヒントなどを回答してくれます。たとえば、「東京」と指定してみました。

　回答は英文でしたが、回答の後に「日本語で表示してください」と指定すると、日本語でも表示してくれます。

GPTの簡単な説明や機能などが表示される。
使うためには「チャットを開始する」をクリックする

34

Chapter 1　ChatGPTからGPTsへ

「Travel Guide」GPTで「東京」と指定するだけで、見どころやおすすめスポットなどを回答してくれる

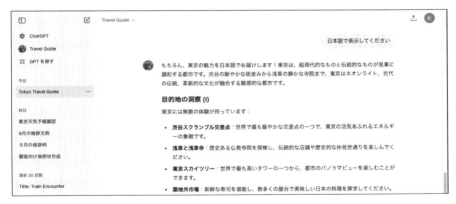

日本語で表示してくれるよう指定すれば日本語の回答になる

　もちろん、別の都市や国を記入したり、あるいは会話に続けて旅行日程を指定したりと、ChatGPTで指定したときと同じように、さまざまな回答を得られます。

　通常のChatGPTとこのGPTとの違いは、「Travel Guide」なら行き先の都市名を記入すればOKな点です。「見どころを教えてください」とか、「ぜひ訪れたいユニークな場所を教えてほしい」とか、「旅行のためのヒントは

35

ないのか」など、指示する必要はまったくありません。このGPTが旅先の
ガイドや旅程に特化したGPTだからです。

　このことからもわかるように、GPTは**何か専門的な情報に特化したAI**
です。プロンプトをさまざまに工夫すれば、汎用のChatGPTから同じよう
な回答を得られますが、そんなことを考えずに行き先の地名を記入するだ
けで、欲しい情報を得られるのです。

　利用するGPTによっては、実に便利に活用できるのがカスタムGPTな
のです。

📖 Memo

カスタムGPTの機能を利用していくつかのGPTを使っていると、「GPT使
用の制限に達しました」と表示され、GPTが利用できなくなってしまうこ
とがある。この表示が出てから2時間ほど待てば、再び利用できるように
なるが、これでは不便。

これを避けるためには有料アカウントにアップグレードする必要がある。
さらに、すでに配布されているGPTを使うだけでなく、自分だけのカスタ
ムGPTを作成したいと思うなら、有料版のChatGPT Plusにアップグレー
ドする必要がある

ChatGPT Plusに移行して GPTでできること

無料版と有料版の違い

　前節の「Memo」でも述べたように、有料版の ChatGPT Plus に移行すると、自分だけのカスタム GPT を作成できるようになります。では、無料版の ChatGPT と有料版の ChatGPT Plus では、どのような違いがあるのでしょうか。

　まず、無料版の ChatGPT ではログインすると、GPT-4 を利用したチャットが行えましたが、有料版では GPT-4 の他に GPT-4o、GPT-4o mini、o1-preview、o1-mini も利用できるようになります。各バージョンの違いは、18 ページで説明した通りです。

　有料版と無料版との大きな違いは、次のような点です。

・マルチモーダルでさまざまなデータを利用

　GPT-4 は**マルチモーダル**に対応しています。これはテキストだけでなく画像や音声などにも対応するもので、たとえば買い物をした際にもらったレシートの画像をアップロードして経費精算書を作成させたり、食べ物の写真をアップロードしてその料理名を調べたりするといったことも可能です。食事ごとにスマホで写真を撮り、それをアップロードしてカロリーを計算させ、ダイエットに役立てるなどといったことだって可能になるわけです。

・DALL-E3 による画像生成

　無料版の ChatGPT では、生成できるのはテキストと 1 日 2 枚までの画像のみになりますが、有料版では画像生成 AI の **DALL-E3** を利用して画像を枚数制限なしで生成させることができます。

37

DALL-Eは、OpenAIによって開発された深層学習モデルで、テキストからデジタル画像を生成するAIです。イラストや絵画といったものだけでなく、写真のようなリアルな画像まで生成させることができます。

　たとえば、新製品のプレゼンに使用したい画像を、このDALL-E3で生成させれば、プレゼンのイメージに合った画像をほんの数秒で作成させることもできます。

・ウェブ参照機能で最新データを入手

　ChatGPTは膨大な量のデータをもとに、ユーザーのさまざまな質問や指示に適する回答を返してくれますが、実はChatGPTのデータは2023年4月までのものとなっています（2024年9月現在）。つまり最新の情報を得ようと思っても、2023年4月以降のデータはそもそも学習していないのです。無料版のChatGPTはログインせずに利用すると、GPT-3.5が利用されますが、質問によってはデータが取得できないと回答されることもあります。

　一方、ChatGPTにログインするとGPT-4oが利用されるため、こちらは**Webを検索してリアルタイムの情報を取得し、回答してくれます**。また、同じように有料版のChatGPT Plusで利用できるGPT-4やGPT-4o、GPT-4o miniでも学習されているデータは2023年4月まで、o1-preview、o1-miniでは2023年10月までのものですが、リアルタイムで必要な情報はWebを検索して回答してくれます。

　GPT-4や有料版では、Web検索機能が利用できるようになっているのです。これはChatGPTの「ChatGPTをカスタマイズする」画面で、「ウェブ参照」を有効に設定しておくことで、ユーザーの指示や命令に従って必要ならWebを参照し、最新データを調べて回答してくれるものです。

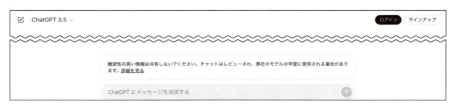

ChatGPT-3.5ではリアルタイムの情報はデータがないため回答できない

Chapter 1 ChatGPTからGPTsへ

ChatGPT-4やPlusユーザーなら、Webを参照して最新データで回答してくれる

・**データ分析機能が利用できる**

　有料版のChatGPT Plusでは、**データ分析機能**を利用することもできます。これは以前からCode Interpreter（コードインタープリター）と呼ばれていたもので、Excel形式のデータやCSV形式のデータをアップロードし、それらをもとにしてデータ分析を行わせる、といった利用が可能です。

　Code Interpreterが利用できるのはPythonのコードだけで、利用できるライブラリも限られていますが、簡単なデータ分析などは自動で行えるようになっています。

・**カスタムGPTの作成と配布**

　無料版のChatGPTでも、ログインすれば配布されているGPTを利用できましたが、有料版ならカスタムGPTが作成できます。

　カスタムGPTを作成することで、自分や自社だけが有用なGPTが作成できるようになります。汎用的なChatGPTではなく、専用のGPTを作成することで、自社のサービスや製品に合わせたGPTが可能になります。

　さらに目指したいのが、**GPTの配布**です。作成したカスタムGPTは、他のユーザーに利用してもらうことも可能で、GPTストアに出品して販売することも可能なのです。ただし、本書執筆時（2024年9月）にはまだ出品したGPTの収益化は行われていません。いずれ本格的にGPTストアが稼働するようになれば、ユーザーが作成した独自GPTの利用者数によって、高い収益が得られるようになるかもしれません。

39

ChatGPT Plusへの移行方法

有料だが、利用できる機能が増える

　カスタムGPTを作成するためには、**有料版のChatGPT Plusにアップグレードする**必要があります。2024年9月現在、ChatGPT Plusの利用料金は月額20ドル（約3,100円）ですが、無料版と比較すればカスタムGPTが作成できるだけでなく、GPT-4、GPT-4o、GPT-4o mini、o1-preview、o1-mini、さらに画像生成のDALL-Eが利用でき、データ分析やファイルのアップロード、ウェブ参照といった便利な機能も利用できるようになります。

　ChatGPT Plusにアップグレードするには、無料版のアカウントから移行することになります。無料版のアカウントでChatGPTにログインし、画面上部の「ChatGPT」の部分をクリックします。すると利用するGPTのメニューが表示され、この中に「アップグレードする」と書かれた項目があるので、これをクリックします。

> 📖 **Memo**
> 他にも左側のサイドバー下部の「プランをアップグレードする」や、右上のユーザーアイコンをクリックし、メニューから「マイGPT」を指定し、変わった画面でユーザーアイコンのすぐ左にある「＋作成する」にマウスポインタを合わせると、「Plusを取得する」というメニューも出てくる。これらのメニューからも、ChatGPT Plusへのアップグレードができる

　「アップグレードする」ボタンをクリックすると、現在のプランとアップグレードできるプランとが書かれたダイアログボックスが現れます。

　ダイアログボックス内には、現在のプラン、つまり無料アカウントで利用できる機能と、Plusにアップグレードしたときに利用できる機能、さらにTeamにアップグレードしたときに利用できる機能が記載されています。

有料版のアップグレードプランには、PlusとTeamの2つがありますが、Plusは個人でのアップグレード、Teamは企業や組織でのアップグレードだと思えばいいでしょう。なお、Teamにアップグレードする場合、最低2ユーザーが必要になります。一般的には、Plusにアップグレードすることになります。

　「現在のプランをアップグレードする」ダイアログボックスで、「Plusにアップグレードする」をクリックすると料金が表示され、連絡先や支払い方法を記入するページに変わります。

　すべての項目を記入し、「申し込む」ボタンをクリックします。記入したカード情報が送信されて認証されれば、以後ChatGPTにアクセスすると、ChatGPT Plusが利用できるようになります。

　これでカスタムGPTを利用したり、さらに自分でカスタムGPTを作成したりできるようになります。

　Chapter 2からは、この機能を利用してカスタムGPTを作成し、また他のGPTを利用する方法などを説明していきます。

1 メニューから「アップグレードする」を指定する

2　「現在のプランをアップグレードする」ダイアログボックスが現れるので、「Plus にアップグレードする」をクリックする

3　連絡先と料金の支払いカード情報を記入し、「申し込む」をクリックする

Chapter 1 ChatGPTからGPTsへ

4 アップグレード後にChatGPTにログインすると、ChatGPT Plusが利用できるようになる

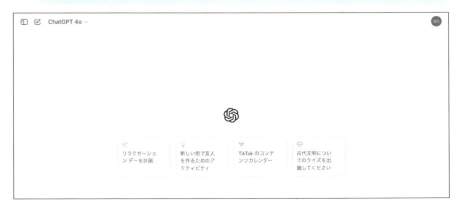

Chapter 2

誰でも簡単に作れる！
GPTの基本と作成

GPTのしくみと作成の流れ

誰でも簡単にカスタムGPTを作成できる

　カスタムGPTとは、**ChatGPTの生成AI機能をカスタマイズしたもの**です。ChatGPTのようなチャットボットをオリジナルで作ろうと思えば、気の遠くなるような作業が必要になります。いえ、回答のもととなる膨大なデータを用意するのは、一般的には不可能なことです。

　実はChatGPTでは、ChatGPTを他のプログラムから利用できるようにする**API**（Application Programming Interface：アプリケーション・プログラミング・インターフェース）を公開しており、このAPIを利用することでオリジナルのチャットボットを作成できるようになっています。ただし、そのためにはプログラミングの知識も必要で、プログラマーでもない限りオリジナルのチャットボットを作成するのは大変な作業です。

　ところがOpenAIでは、誰でも手軽にオリジナルのGPT、カスタマイズしたGPT、つまりカスタムGPTを作成できるように、**GPT Builder**という機能を用意してくれています。このGPT Builderを使えば、画面の指示に従って操作していくだけで、誰でも簡単にカスタムGPTを作成できるのです。

▼GPT Builderを使ったカスタムGPT作り

　GPT Builderを使ったカスタムGPT作りには、2つの方法があります。ひとつは、**ChatGPTと対話をしながら作成していく方法**です。

　これは、まさにChatGPTを利用するときと同じように、ChatGPTからの質問に答えていく方法です。どのようなGPTを作成したいのか、GPTのロゴはどのようなものにするのかなど、ChatGPTが必要なことを聞いてくるので、それらの質問に答えていくだけで、自分だけのGPTを作成できます。

　カスタムGPTを作るもうひとつの方法は、やはり**GPT Builderを使い**、

構成画面で必要事項を設定していく方法です。はじめてGPT Builderを利用するときには、各項目がわかりづらいかもしれませんが、慣れてくれば簡単に自分だけのGPTが作成できるようになるでしょう。

カスタムGPTは、次のような手順で進められます。

① GPT Builderを起動する
② 作成するGPTのタイトルを記入する
③ GPTのロゴを設定する
④ GPTの動作を設定する
⑤ GPTが参照する学習データをアップロードする

対話型でGPTを作成するときも、構成に従って作成するときも、指示する内容や項目はほとんど変わりません。

GPT作りで重要なのは、**作成するGPTで行わせる操作の設定**と、**そのために使用するデータが必要になるなら、そのデータを用意すること**です。

たとえば、自社の規定の形式に沿った書類を作成したいときを考えてみましょう。カスタムGPTでは、出力する書類の形式を正しく指定するデータが必要になります。このデータがなければ、カスタムGPTといえども汎用のChatGPTと同じような回答しか返ってきません。

このとき、自社の書類の形式をデータとしてカスタムGPTに学習させれば、カスタムGPTが返す回答には学習した自社の規定に合った書類が出力されるわけです。

🖑 Point

どのようなGPTを作成したいのか、そのアイデアと、それを実現するデータを用意することが、カスタムGPT作りでは最も重要

GPT Builderの起動
左右に分かれた画面で操作する

　ここからは実際にGPT Builderを使ってカスタムGPTを作りながら、自分だけのGPT作りの方法を説明します。まず、対話形式のGPT作りです。
　ChatGPT（Plus）にログインし、トップページ右上の自分のロゴをクリックし、メニューから「マイGPT」を指定しましょう。
　この「マイGPT」と書かれた画面には、作成した自分のGPTが表示されますが、ここではまだGPTを作成していないため、「GPTを作成する」という項目しかありません。GPTを作成するために、「GPTを作成する」をクリックしましょう。
　これでGPT Builderが起動します。

1　トップページでメニューの「マイGPT」をクリックする

48

2 「GPTを作成する」をクリックする

3 GPT Builderが起動する

　GPT Builderの起動画面は左右に二分されており、左側は上部に「作成する」「構成」の2つのボタンが並び、右側は「プレビューする」と書かれた画面になっています。

　GPT Builderでは左側ウィンドウでGPTを作成し、作成しているGPTの実際の動作などが右側画面に表示されるようになっています。

対話型でGPTを作る
会話をしながらアイデアを膨らませていく

　起動したGPT Builderで、実際にGPTを作成してみましょう。ここでは、日付を入力すると、その日付に適した時候の挨拶を日本語と英語で回答してくれるGPTを作ってみましょう。

　そんなGPTなど、ChatGPTで「時候の挨拶を日本語と英語で作成してください」などとプロンプトで指定すれば、簡単に回答してくれます。しかし、たとえば自社の新製品の発売時期を学習させておき、その製品に関連した語句を必ず文中に入れる、といったことを実現しようと思えば、指定するプロンプトも複雑になってきます。それを実現するカスタムGPTを作成しておけば、社員なら誰もが日付を入力するだけで、自社製品に関連した語句と関連付けられた時候の挨拶を即座に引き出せるわけです。

▼対話型でGPTを作る手順

　GPT Builderの左側画面で、「作成する」が有効になっているのを確認して、ChatGPTでプロンプトに要望や質問などを記入するときと同じように、画面下部の「GPT Builderにメッセージを送信する」ボックスにテキストを記入していきます。

　最初は、どのようなGPTを作りたいかを記入します。画面には「Hi! I'll help you build a new GPT.〜〜（中略）〜〜What would you like to make?」と表示されています。実はGPT Builderの対話形式では、現在のところ英語での表示になっています。

　そこでGPT Builderが起動したら、まず「日本語でお願いします」や「日本語で進めてください」などと**日本語表示で会話するよう指定しましょう**。

50

Chapter 2 誰でも簡単に作れる！　GPTの基本と作成

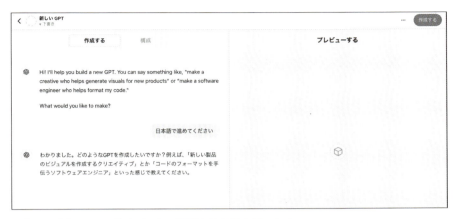

日本語で会話するよう指定すると、質問も日本語表示になる

> **Point**
> GPT Builderの対話形式では、現在のところ英語での表示になっているので、GPT Builderが起動したら、まず「日本語でお願いします」や「日本語で進めてください」などと日本語表示で会話するよう指定する

　まず、どのようなGPTを作成したいのか、簡単にGPTの説明をします。たとえばここでは、「日付を指定したら、その日付に合う時候の挨拶を、日本語と英語で表示してくれるGPT」と指定してみました。

　GPT Builderは、「指定された日付に基づいて、適切な時候の挨拶を日本語と英語で提供する」GPTでいいかと聞き返してきました。もし別のGPTを作成したければ、再びどのようなGPTなのかを指定します。また、機能に追加したい内容などがあれば、これも追加して指定します。

　このやり取りからもわかるように、GPT Builderの対話型GPT作成機能は、文字通り**GPT Builderと対話をしながらカスタムGPTを作成していく機能**なのです。最初からどのような機能のGPTにしたいのか、そのためにはどうすればいいのか、指定はどうするのか、などといった難しいことは考えずに、ちょっとしたアイデアがあればそれを記入して指示していく

51

どのような機能のGPTを作成するのかを指定した

だけで、GPTが作成できるようになっているのです。会話をしながら、アイデアをどんどん膨らませていくことも可能です。

取りあえずここでは、「指定された日付に基づいて、適切な時候の挨拶を日本語と英語で提供する」というGPTで構わないので、「これでよろしいでしょうか？」というGPT Builderの質問に対し、「これでいいです」と返事をしました。

「これでいいです」と返事をすると、右側のプレビュー画面に、いま作成しようとしているカスタムGPTのプレビューが表示されました。実際にこのGPTを作成して動作させると、このプレビューに表示されているような画面になるわけです。

Chapter 2 誰でも簡単に作れる！　GPTの基本と作成

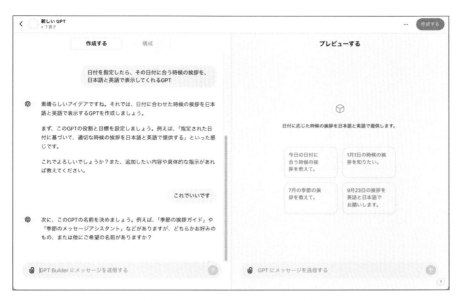

次の質問が表示され、右側のプレビューにGPTの画面が表示される

　左側の画面では、次にGPTの名前を決めるよう促されます。作成するGPTの名前は、どんなGPTなのか類推できるものなら何でも構いません。自分や自社の社員、あるいは友人だけで利用するなら、わかりやすい名前を付けておけばいいですが、広く他のユーザーに公開して使ってもらったり、時には海外のユーザーにも公開したいなどと考えるなら、英語の名前を付けておくほうがいいかもしれません。

　ここではGPTの試作ですから、GPT Builderの提案する名前のまま進めてみましょう。GPT Builderは2つの名前を提案してきたので、「季節の挨拶ガイド」のほうを採用するとして、プロンプトに「季節の挨拶ガイド」と指定しました。

　作成するGPTの名前が決まったため、右側のプレビューでもGPTの名前が書き換えられて表示されるのがわかります。

53

作成するGPTの名前を指定すると、右側のプレビューでもGPTの名前が書き換えられる

▼プロフィール画像の作成

　次は、「プロフィール画像」の作成です。GPTのプロフィール画像とは、GPTのロゴ画像のようなものだと思えばいいでしょう。実際にはロゴやアイコンとして表示されたり、もう少し大きく表示されたりしますが、その画像を指定します。

　GPTのロゴとして適当な画像や写真があればいいのですが、なくても問題ありません。GPT Builderが適当な画像を作成して、これをプロフィール画像として設定してくれるからです。

　GPT Builderが作成してくれたプロフィール画像でよければ、その旨を答えます。あるいは別の画像にしたければ、そのことを指示します。なお、プロフィール画像は後から変更することもできるので、ここでは「これでいいです」と答えておきました。

Chapter 2　誰でも簡単に作れる！　GPTの基本と作成

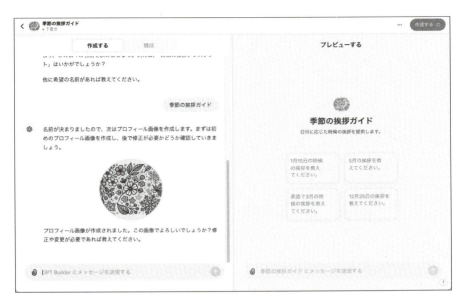

プロフィール画像が設定された

▼言葉遣いを決定する

　プロフィール画像をOKすると、どのような言葉遣いやトーンを使うかを聞いてきました。このGPTでは、ビジネス向けの時候の挨拶を作成したいので、「回答はビジネス向けの言葉遣いにしてください」と指定しておきました。
　これで作成中のGPTが更新され、さらにどのような情報を詳しく聞くべきかを決めるよう促されます。

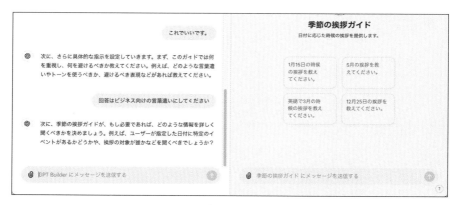

さらにどのような情報を詳しく聞くべきか決めるよう促される

　ビジネス文書などの先頭に記述する時候の挨拶は形式ばったものですから、日付に特別なイベントがあったり、対象が誰かなどを詳しく設定したりする必要はないでしょう。そこで、「これで大丈夫です」と答えておきました。

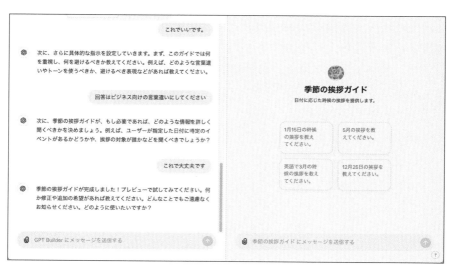

これでGPTが完成した

これでGPTの完成です。右側のプレビューウィンドウに表示されているプロンプトの例をクリックしたり、プロンプトに時候の挨拶として設定したい日付などを記入したりして、GPTを動作させてみましょう。

プロンプトに「9月」とだけ指定して、GPTを動作させてみました。9月の時候の挨拶を、日本語と英語の両方で作成して回答してくれました。当初の目的の、日付を指定すると、その日付に合う時候の挨拶を日本語と英語で作成する、というGPTの目的が達成されています。

このGPTを使えば、日付を指定するだけで、簡単に時候の挨拶を生成できます。顧客や取引先に送るビジネス文書の先頭に、この時候の挨拶をコピー＆ペーストしてしまえば、すぐにビジネス文書が作成できるでしょう。英文のビジネスレターを作成したいときは、英文の時候の挨拶のほうをコピー＆ペーストすればいいわけです。

GPTを動作させてみた

Memo

GPTの作成中にエラーが出ることがある。本書執筆時には、特にプロフィール画像が作成されないエラーが頻発した。

こんなときは、その場で「プロフィール画像を作成してください」などと指定しても構わないし、画像がないまま先に進み、作成したGPTを後から更新してもよい。GPTを作成すると、「マイGPT」画面に作成したGPTの一覧が表示されているので、更新したいGPTの右端の「編集する」ボタンをクリックし、GPTのプロフィール画像を追加したり、画像を変更したりするとよい

Memo

GPTを作成していると、後から不要になったGPTも出てくる。こんなときは「マイGPT」画面で不要なGPTの右端にある「...」をクリックし、「GPTを削除する」を指定する。すると確認ダイアログボックスが現れ、「GPTを削除する」をクリックすると、指定したGPTが削除されて「マイGPT」画面からも消える

▼共有するユーザーの範囲を決める

GPTが完成したら、ウィンドウ右上の「作成する」ボタンをクリックします。すると、このGPTを共有するユーザーを指定するダイアログボックスが現れます。

GPTを共有するとは、このGPTを誰が使用できるのかの設定です。自分しか使わないのなら、「私だけ」をクリックして有効にしておきましょう。他のユーザー、たとえば自社の社員や部、チームなどの人が使えるようにしたければ、「リンクを受け取った人」を設定しておきます。

さらに、誰でもこのGPTを利用できるようにしたければ、「GPTストア」を有効にしておきます。するとChatGPTの中にあるGPTストアで公開され、ChatGPTユーザーなら誰でも利用できるようになります。

Chapter 2　誰でも簡単に作れる！　GPTの基本と作成

　GPTを利用できるユーザーを設定したら、「保存する」ボタンをクリックします。これで「設定が保存されました」と書かれたダイアログボックスに変わり、作成したGPTのURLが表示されます。

作成したGPTを共有するユーザーを設定する

GPTの設定が保存された

　ダイアログボックス内に表示されているURLを他のユーザーに知らせると、作成したGPTを使えるようになります。社員やチーム、部署などでこのURLを共有すれば、共有したユーザーなら誰でもこのGPTを利用できます。ここではダイアログボックス内の「GPTを表示する」ボタンを押してみましょう。

作成したGPTの利用画面に変わる

59

作成したGPTの利用画面に変わりました。ChatGPTと同じような画面です。画面左上には、利用中のGPTの名称が表示されています。GPT Builderで設定したように、ここには「季節の挨拶ガイド」と表示されています。

　GPT Builderの対話方式を利用すれば、これほど簡単にカスタムGPTが作成できます。GPT Builderの質問や回答には少しわかりづらい部分もありますが、どのようなGPTを作成したいのかを事前によく考えて決めておけば、指示の仕方もわかってくるはずです。

　また、たとえGPTの細部まで決めておかなくても、GPT Builderの質問に対して細かく指定していくだけで、作成したいと考えているGPTの動作が具体的になっていくでしょう。

　どんなGPTを作っても、そのGPTの動作が不完全でも、後からいくらでも更新できるのもカスタムGPT作成のメリットなのです。

テンプレートによる GPT 作成

カスタム GPT 作成のもうひとつの方法

　カスタム GPT 作成のもうひとつの方法に、**テンプレートを利用した GPT 作成**があります。GPT 作成画面には、左側ウィンドウの上部に「作成する」「構成」の 2 つのボタンがありました。この「構成」ボタンをクリックすると、GPT で設定する項目が表示されます。GPT 作成のためのテンプレートともいえるものです。

　このテンプレートを利用して、新しい GPT を作成してみましょう。たとえばここでは、社内の用語の規則に従って、入力したテキストの用字用語を校正するための GPT を考えてみます。

▼GPT Builder の「構成」画面

　GPT Builder の「構成」画面には、次の項目があります。

- ＋

　ここでは作成する GPT のプロフィール画像が作成できます。＋をクリックすると、「写真をアップロードする」と「DALL-E を使用する」という 2 つのメニューが出てきます。

　「写真をアップロードする」という項目は、文字通り手元などにある写真をアップロードし、この写真を GPT のプロフィール画像として設定する機能です。「写真をアップロードする」項目をクリックして指定すると、Windows ならエクスプローラーが、macOS ならファインダーが起動し、プロフィール画像に設定したいファイルが選択できます。

　ファイルを指定すると、ChatGPT にアップロードされ、アップロードされた画像が作成する GPT のプロフィール画像に設定されます。

　「DALL-E を使用する」とは、画像生成 AI の DALL-E を利用してプロ

プロフィール画像の設定のためのメニュー

フィール画像を設定する項目です。この項目を指定すれば、自動的にDALL-Eが利用されてプロフィール画像が設定されます。

・**名前**

　作成するGPTの名前を記入して指定します。ここに設定した名前が、マイGPT画面の一覧に表示されます。
（例）用語統一

・**説明**

　作成するGPTの説明を記入しておきます。これがGPTの説明として表示されます。
（例）指定したテキストの用語を統一します

Chapter 2 誰でも簡単に作れる！ GPTの基本と作成

・指示

このGPTで何をやるのか、何をやってはいけないかなど、具体的なプロンプトを記入しておきます。

（例）テキスト内の用語を、Yogo.txtの内容に合わせて書き換え、統一します。該当する用語以外のテキストは、修正してはいけません。

・会話の開始者

このGPTを使用するとき、GPTから最初に表示するテキストを記入しておきます。ユーザーに、何をすればいいのかを伝えるために重要な部分です。テキストは複数のものを設定できます。

（例）テキストの用語を統一します。

・知識

このGPTで生成するテキストの、学習のもととなるデータを指定します。データはファイルにしておき、「ファイルをアップロードする」ボタンをクリックしてファイルを指定し、アップロードしておきます。

ここでは用語の統一のために、用語と統一後の用語を対比するテキストをYogo.txtという名のファイルで作成しておき、このファイルをアップロードします。

（例）Yogo.txt

・機能

カスタムGPTでは、いつくかの機能が利用できます。Webを参照したり、画像を生成したりするといった機能です。これらの機能のうち、どの機能を利用するかを指定しておきます。

利用できる機能は、次のものです。

63

▶ウェブ参照

ChatGPTが学習しているデータおよびGPT作成者がアップロードしたデータ以外に、Web上のデータを参照させる機能です。最新の情報やデータを利用したければ、この項目を有効にしておきます。

▶DALL-E画像生成

画像生成のDALL-Eを利用して、画像を生成します。画像生成機能を利用しない場合も、この項目を有効に設定しておいて問題ありません。

▶コードインタープリターとデータ分析

コードインタープリターとは、プログラムを生成してこれを実行し、その結果を表示してくれるGPT-4の機能です。実行されるのはPythonのコードだけですが、テキスト（自然言語）で指示するだけで、これらの一連の操作が可能になっています。データをアップロードし、その内容を分析させて回答させたい、などといったときに便利に活用できる機能です。

・アクション

API連携機能を設定します。APIとは、あるソフトウェアの機能を別のソフトウェアから呼び出すしくみのことで、ここでは別のソフトウェアの機能をGPTから呼び出し、ソフトウェアを動作させ、その結果をGPTに渡すことになります。API連携については117ページで詳しく解説します。

・追加設定

作成したGPTを使用したとき、その会話データをChatGPTの改善のために利用するかどうかを指定します。社内のデータや個人情報などを含むようなときは、この項目をクリックしてチェックマークを外し、無効に設定しておくほうが無難です。

「構成」ページでカスタムGPTの設定を行う

　これらの項目を設定・変更したら、画面右上の「作成する」ボタンをクリックします。すると、「GPTを共有する」ダイアログボックスが現れるので、自分だけで利用するGPTなのか、他のユーザーにも利用してもらえるようにするか、GPTストアに公開して広く多くのユーザーが利用できるようにするかを指定します。共有範囲を指定したら、「保存する」ボタンをクリックします。

　これでいま「構成」ページで作成したカスタムGPTが、マイGPTとして保存され、利用できるようになります。

　GPTを作成したら、「マイGPT」を指定し、一覧に追加されていることを確認してください。

　実際にGPTを利用するときは、「GPTを共有する」ダイアログボックスで共有を指定し、表示されたリンク先（URL）に移動するか、あるいはこのマイGPTのページから使用したいGPTをクリックします。

「マイGPT」画面のGPT一覧で、利用したいGPTをクリックする

作成したGPTの起動画面に移動する

GPTの機能を決定する対話シナリオの作成

シナリオの作り込みが回答の精度を左右する

　カスタムGPTは、これまで説明してきたように、それほど難しい操作をせずとも作成できます。

　ただし、作成したGPTの機能や、GPTが便利に機能するかどうかは、実は**カスタムGPTとの対話シナリオが作り込まれているかどうか**にかかっています。汎用のChatGPTで精度の高い回答を得るためには、質問や要望、つまりプロンプトにどのような指示を出すかに大きく左右されますが、これと同じように、カスタムGPTがどのように動作するかは、**GPT作成画面の「指示」欄の記述によって大きく異なってくる**のです。

　「指示」欄に記述する内容は、もちろん作成するGPTによって大きく異なってきますが、次のような内容を含む指示が有効です。

・GPTの振る舞い

　作成するGPTがどのような機能を実現するために、**どのような立場で動作するか**を指定しておきます。

　ChatGPTのプロンプトでも有効な指示ですが、たとえば法律的な内容で精度の高い回答を出力させたければ、「あなたは優秀な法律家です」などとGPTの立場を設定しておきます。

　旅行先の詳しい情報を回答させたければ、「あなたは優秀な旅行ガイドです」と指定しておいてもいいでしょう。日本語や英語などの翻訳をさせ、精度の高い回答を得たければ、「あなたは優秀な翻訳家です」といった指定です。作成するGPTが、より精度の高い回答をするよう、GPTの立場を設定しておくわけです。

・何をするのか

　作成するGPTが、**どのような機能を実現するものなのか**を設定しておきます。法律文書を生成させたければ、「日本の法律に則った文書を生成します」と記述しておくといいでしょう。

　旅行ガイドなら、「旅行先の観光地のグルメ情報を中心に紹介します」「旅行先の名所旧跡を詳しく紹介します」といった具合です。翻訳を行うGPTなら、「日本語が入力されたら英語に、英文が入力されたら日本語に翻訳します」などと指定しておくといいでしょう。

・具体的な動作

　GPTがどのような動作をするかを設定します。GPTの機能そのものといってもいい部分で、前項の「何をするのか」の記述と重複しますが、「法律文書を作成します」「最新のグルメ情報を紹介します」「英語に翻訳します」といった具体的な動作を記述しておきます。

・してほしくないこと

　GPTにやってほしくないことを記述します。たとえば、「英文に翻訳するのは＃記号以降に記述された日本語で、それ以外の部分は翻訳しないでください」「グルメ情報以外の歴史や名勝などの情報は不要です」といった具合に、GPTにやってほしくないことを指示しておきます。

> **👆 Point**
>
> 「指示」欄には、「GPTの振る舞い」「何をするのか」「具体的な動作」「してほしくないこと」を記入しておくと望んだ回答を得られやすくなる

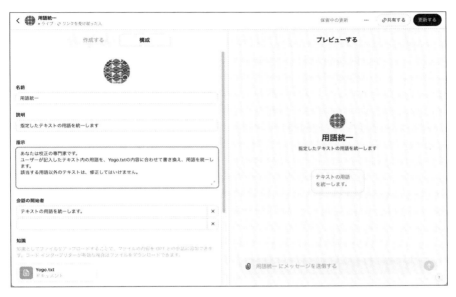

「指示」欄には詳しい指示を記入しておく

　ChatGPTで精度の高い回答を得るためには、それなりにプロンプトでの指定を工夫する必要がありました。カスタムGPTでは、このプロンプトの指定を補足したり、GPTの目的に合わせてカスタマイズしたりする機能ともいえるものです。

　このプロンプトについては次章でも詳しく説明しますが、「指示」欄の記述によってカスタムGPTの動作や精度が大きく左右されることは覚えておいてください。

GPTの頭脳を鍛える
事前学習のために個別のデータを学習させる

　カスタムGPTでは、**「知識」**という欄があります。英語表示では「knowledge」と表示されているでしょう。
　GPTは事前に膨大な量のデータを学習し、それによってユーザーの指示や命令に沿ったテキストや画像などを生成し、回答してくれます。この学習するデータは、公開されている書籍やインターネット上のテキストなどが中心となっていますが、たとえば個人情報や社内のマル秘文書、特定企業の社内文書などといったものは学習されていません。それは当然で、そのような文書が事前に学習されていては、広く漏洩してしまうことにもつながり、非常に危険です。
　このためChatGPTには設定画面で、ユーザーが入力したテキストや文書などを、ChatGPTの事前学習に使用しないように指定する設定もあります。

ChatGPTの設定画面の「データコントロール」項目

「設定」ダイアログボックスの「データコントロール」欄に、「すべての人のためにモデルを改善する」という項目があります。これはユーザーが入力したテキストなどが、別のユーザーのためにGPTの事前学習に利用できるようにしたもので、初期状態で「オン」になっています。

「モデルの改善」項目は、デフォルトでオンになっている

この項目をクリックし、現れた「モデルの改善」ダイアログボックスで、「すべての人のためにモデルを改善する」をクリックしてオフに設定することで、ユーザーが入力したデータなどはGPTの事前学習に利用されなくなります。

🖐 Point

仕事でChatGPTを利用したり、個人情報を入力せざるを得ないときなどは、「すべての人のためにモデルを改善する」という項目を必ずオフに設定しておく

カスタムGPTでは、**事前学習のために個別のデータを学習させる**ことができます。それが「知識」欄の設定です。設定とはいっても、学習させるデータをファイルにしておき、これをアップロードして読み込ませるようになっています。

作成するカスタムGPTによって、読み込ませたいデータは異なっていますが、特に個別のケースでは、この「知識」が重要になってきます。GPTを仕事に利用したいとき、自分の会社で規定されているデータなどを読み込ませておけば、GPTの回答の精度が高くなるからです。

読み込ませるデータファイルは、テキスト形式やExcel形式、あるいはPDFといったもので構いません。これらのファイルをアップロードしてお

けば、GPTが事前にファイルの中身を学習し、ユーザーの指示に回答するときに役立ててくれます。

　この機能を使えば、たとえば自社製品のマニュアルを読み込ませておけば、その製品に関する質問に正確に答えてくれるようになります。個別の製品向けのチャットボットが簡単に作成できるのです（アップロードの詳しいやり方は109ページ参照）。

　ChatGPTは膨大なデータを事前学習させているため、利用者の指示によっては汎用的な回答しかしてくれません。あるいは、さまざまなデータが学習されているため、ハルシネーション（幻覚）と呼ばれる間違った回答、簡単にいってしまえば「ウソ」を回答するケースも少なくありません。

　このハルシネーションをなるべく避けるためにも、カスタムGPTでは回答に利用するデータをアップロードしておき、このデータを参照するよう指定しておくのがベストなのです。

Chapter 2　誰でも簡単に作れる！　GPTの基本と作成

 # カスタムGPTの実例とテスト
公開前に正しく動作するか確認する

　実際にカスタムGPTを作成したら、**公開する前に正しく動作するかどうかテストしておきましょう。**
　カスタムGPTを動作させるのは簡単です。ChatGPTにログインし、画面右上の自分のアイコンをクリックして「マイGPT」を指定します。するとマイGPT画面に変わり、作成しているGPTの一覧が表示されます。この中からテストしたいGPTをクリックします。
　カスタムGPTも、通常のChatGPTと操作は変わりません。ここでは「用語統一」というGPTを起動させてみました。
　画面下部にはプロンプト用のボックスもあります。この用語統一GPTでは、事前に用語統一の規則を記入したデータがアップロードされ、それを学習しており、ユーザーが入力したテキストを学習している規則に従って用語を統一して回答してくれる機能のGPTでした。
　この用語統一の規則を記入したデータには、たとえば「コンピューター」は「コンピュータ」に、「行なう」は「行う」に、「スマホ」は「スマートフォン」に統一する、といった規則が記述されています。
　そこでプロンプトに簡単なテキストを入力し、回答させてみました。

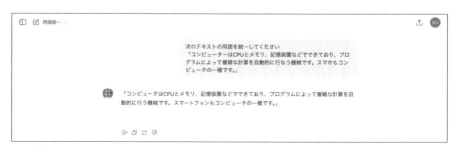

用語統一GPTのテストを実行してみた

73

回答されたテキストを見ると、「コンピューター」が「コンピュータ」に、「行なう」が「行う」に、「スマホ」が「スマートフォン」に、それぞれ統一されて書き直されているのがわかります。

　プロンプトでは、「『コンピューター』を『コンピュータ』と書き直せ」などの指示はしていません。「『スマホ』を『スマートフォン』に直せ」といった指示もしていません。それでもこの用語統一GPTを使用すれば、これらの用語が規則に従って直されて表示されました。汎用のChatGPTとは異なっていることがわかるはずです。テスト成功です。

　マイGPTからカスタムGPTを使用できるのは、GPTを作成したユーザーだけです。他のユーザーがこのGPTを利用するためには、GPTのリンク（URL）を知らされているユーザーか、またはこのGPTがGPTストアに公開されている場合なら、GPTストアから見つけて起動したユーザーだけになります。

　作者からリンクを知らされている場合は、このGPTのリンクをクリックすると、自分のChatGPT内から目的のGPTの画面に変わり、利用できるようになります。

　友人だけで利用するとき、企業内で利用したいとき、多くのユーザーに利用してもらいたいときなど、リンクをメールで知らせたり、SNSで公開したりするだけで、自作のカスタムGPTを他のユーザーに利用してもらえるのです。友人同士でカスタムGPTを使ってみて、その感想や使い勝手をフィードバックしてもらい、GPTをよりブラッシュアップするのもいいでしょう。

　なお、作成したGPTのリンク先は、「マイGPT」画面でリンク先を知りたいGPTの右側にあるペン型アイコンをクリックします。すると指定したGPTの編集画面に変わるので、右上の「...」をクリックし、メニューから「リンクをコピーする」を指定すれば、GPTのURLがクリップボードにコピーされます。これをメールやSNSなどにペーストすれば共有できるようになります。

Chapter 2 誰でも簡単に作れる！ GPTの基本と作成

1 「マイGPT」画面でGPT右端のペン型アイコンをクリックする

2 メニューから「リンクをコピーする」を指定する

75

Chapter 3

自分だけのGPTを作る
プロンプトの指定方法

プロンプトを設計する
用途を限定することが望んだ回答を引き出す鍵

　ChatGPTでは、より精度の高い回答を得るためには、指示や命令を伝えるためのプロンプトの記述を工夫する必要がありました。
　このプロンプト指定のコツは、**なるべく詳細に指示すること**です。また、**回答の前提条件も指定しておく**と、より精度の高い回答が得られやすくなります。
　たとえば、日本語や英語の翻訳をさせたいのなら、「あなたは専門の翻訳家です」とChatGPTの立場を設定したり、なるべくやさしい説明を回答してほしければ、「あなたは小学校の先生です。小学3年生でもわかるよう、やさしく解説してください」などと指定したりするのも効果的です。
　ChatGPTを使い始めて間もないユーザーは、「○○について教えて」などと簡単に質問してしまうことも少なくありません。あるいはGoogleやYahoo!検索と同じようなキーワード指定をして、人工知能などといってもたいした回答が返ってこないとあきれてしまうこともあるでしょう。
　これらはすべてプロンプトの指定や、ChatGPTへの指示方法が間違っているのです。ChatGPT、あるいは他の生成AIでも同じですが、これらはユーザーの指示や命令、質問などに対して、コンピュータが自ら考えて答えを出してくれるものではありません。
　生成AIのシステムを簡単にいってしまえば、膨大なデータを事前に学習させ、ユーザーの指示に対する回答としてどの単語が出てきたらどの単語をつなげればいいのかを確率によって導き出し、その作業によってテキストを作り、回答してくれるようになっているのです。当然、その回答には間違いもあります。コンピュータが自分で考えて正しい答えを回答してくれているように見えますが、その中身は確率によって言葉と言葉をつなぎ合わせただけのものです。回答するテキストの中身が、正しいか間違っ

ているのかさえ生成AIには判断できないのです。

　しかも、事前に学習させたデータそのものの内容に誤りがあったらどうでしょう。

　もちろん、回答に誤りがないようにするためのシステムや事前学習の精度を上げています。ChatGPTがスタート当初はGPT-3.5というモデルだったものが、翌年にはGPT-4に、さらにGPT-4o、GPT-4o miniと進化、2024年にはOpenAI o1-preview、o1-miniも追加されています。

　しかし、それでもChatGPTから精度の高い回答を得るためには、プロンプトの指定が重要になってきます。

▼カスタムGPTにも同じことがいえる

　このことは、カスタムGPTもまったく同じです。カスタムGPTの画面も、汎用のChatGPTの画面と同じようにプロンプトを指定するテキストボックスがあり、ここに要望や命令、指示といったプロンプトを記入すると、それに対する回答が画面に表示されます。

　カスタムGPTが精度の高い回答を返すためには、ユーザーにプロンプトを工夫してもらう必要がありますが、それでは汎用のChatGPTと同じです。カスタムGPTは**用途を絞り込むこと**で、ユーザーのプロンプトの指定をできる限り簡単にさせることもできるのです。

　ただし、そのためにはカスタムGPTの「指示」欄に、**プロンプトに入力されたテキストによって、どのような回答を出力するのか、**より精度の高い回答を生成させるために、**何をして何をしないのか**を詳しく設定しておくといいのです。そしてその設定こそ、GPT作成者のプロンプト設計にかかっているのです。

プロンプトの基本ルール
目的を指定しておく

　プロンプトの設計をどのようにすればいいのか、その基本から説明していきましょう。まず、プロンプトの基本ルールです。
　カスタムGPTには、それぞれ目的があります。本書で紹介してきたGPTでいえば、用語を統一するとか、季節の挨拶を生成するといったGPTの目的、言い換えればGPTの機能そのものです。
　この機能は、最終的にはテキストや画像といったものを生成することですが、まず、**どのようなものを生成するのかといった目的**をプロンプトで設定しておきます。ユーザーがカスタムGPTのプロンプトで、思いついた言葉や単語を記入しても、それらの単語やキーワードでGPTが何をするのかをはっきりと設定しておくわけです。
　このGPTの目的は、「指示」欄で明確に記述しておきます。「指示」欄に記入する内容の基本は、次の3点です。

- **このGPTの立場**
- **GPTの目的**
- **やってはいけないこと**

　この3点を、「指示」欄に詳しく指定しておきます。GPTのプロンプトでユーザーがテキストを入力するとき、その補助となる命令や指示を先に設定しておくわけです。通常ならプロンプトで指定することを、先に「指示」欄で設定しておくことで、ユーザーのプロンプトが不完全でもGPTが自動的に解釈し、目的の動作を行えるようプロンプトを補完してくれるようにするわけです。
　たとえば、ユーザーが目的地を入力したら、その場所や都市の旅行案内

をしてくれるGPTを考えてみましょう。

まず、GPTの立場です。旅行案内ですから、GPTがプロの観光ガイドのような立場で回答してくれると役立つのではないでしょうか。そこで「指示」欄に次のように指定しました。

 プロの観光ガイドの立場で回答してください。

実際にこのGPTを動作させてみると、次画面のように指定した都市の観光地や名所などを簡単に紹介してくれました。

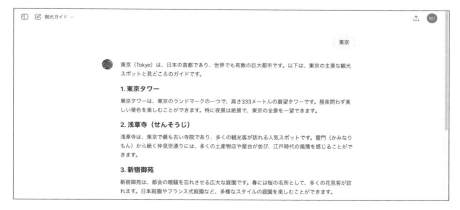

「東京」と指定すると、東京の名所のいくつかを回答してくれる

　GPTの立場を記述していないときは、GPTの回答はごく一般的なものになっています。この結果を見ると、ChatGPTはそのままでもそこそこ便利に利用できる生成AIだとわかりますが、相手の立場、つまり回答するGPTの立場を指定しておくだけで、回答がより専門的に、あるいはユーザーの求める回答に近いものになることがわかります。

GPTが何をするのか明確にする

ユーザーがプロンプトで指定する指示や命令を代用する

　GPTの立場を指定しておくだけで、汎用のChatGPTよりもより専門的な回答が得られるようになりましたが、さらに**GPTにどのような回答をしてほしいのか**も、この「指示」欄に記入しておきます。

　前節で例に挙げた観光案内GPTなら、「名所を3カ所挙げて説明してください」「最新のグルメ情報も必ず含めてください」「代表的な土産を必ず2つ挙げてください」などと記述しておけば、GPTの回答もこれらの指示や要望を満たす回答になります。

代表的な土産を2つ答えるよう指示しておく

Chapter 3　自分だけのGPTを作るプロンプトの指定方法

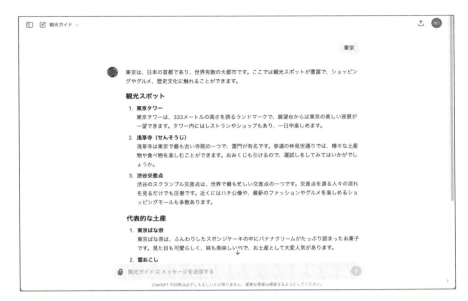

代表的な土産として2点、回答に追加されている

　これでもいいのですが、回答には土産しか表示されないケースもありました。そこで次のように書き換えてみます。

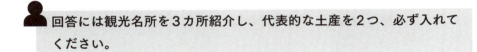

回答には観光名所を3カ所紹介し、代表的な土産を2つ、必ず入れてください。

　これで観光名所が3カ所、土産が2つ含まれる紹介が回答されるようになりました。

▼画像を表示するよう設定する

　もうひとつ、カスタムGPTではGPT-4が利用されるため、GPT-4の特徴であるDALL-Eを利用した**生成画像が表示できる**ようになりました。そこで作成しているGPTでも、画像を表示するよう指定してみます。次の指定を加えました。

83

最初に、指定された地域のイメージ画像を作成して表示してください。

どうでしょう。これで観光ガイドっぽいGPTになったのではないでしょうか。実際にこの観光ガイドGPTを動作させてみると、画像も表示され、観光ガイドっぽい回答になっています。

カスタムGPTの「指示」欄は、ユーザーがプロンプトで指定する指示や命令といったものを代用する機能です。ChatGPTのプロンプトと同様に、詳細で具体的な指示を記入することで、GPTの回答の精度を上げられるのです。

ユーザーが指定した地域のイメージ画像と観光名所、土産が回答される

> **Memo**
>
> **カスタムGPT内でDALL-Eを使う**
>
> カスタムGPT内でDALL-Eを利用して画像を生成させるためには、GPT作成画面の「機能」欄で「DALL-E画像生成」にチェックマークを付け、有効に設定しておく必要がある。初期設定では有効になっているが、画像生成を利用したいときは有効になっているか確認しておく

効果的なプロンプトを作るポイント

GPTに回答してほしくないことを設定する

　カスタムGPTの「指示」欄では、GPTがやることとともに、**GPTにやってほしくないこと**も設定しておけます。

　やってほしくないことは、文字通りGPTに回答してほしくないことや、あるいはユーザーが入力したプロンプトに対してやってほしくないことなどがあれば記述しておきます。たとえば、ユーザーがプロンプトで都市名を2つ入力しているときは、最初の1つ目の都市だけを回答したり、英語で入力されても日本語で回答したりするなどです。

　観光ガイドGPTでは、海外ユーザーの利用も考慮して、回答を日本語と英語の両方で出力させてみましょう。次のような指定を「指示」に付け加えておきます。

複数の都市や地域が入力されていたら、最初に指定された都市または地域のガイドを回答してください。

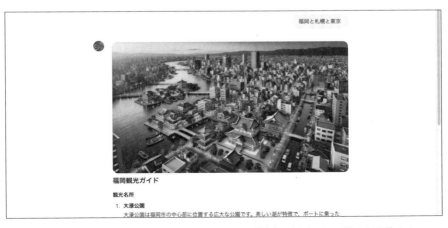

複数の都市・地域名を記入しても、最初の都市・地域名の観光ガイドだけを回答する

85

また、英語で回答させたいときは、次のように記述しておけばいいでしょう。

回答は英文でのみ表示します。

さらに、英語と日本語の両方で回答させたければ、次のように記述しておきます。

回答は日本語と英語の両方で表示します。

日本語で入力されていても、回答は日本語と英語の両方で表示される

▼その他の効果的なプロンプト

ChatGPTのプロンプトでは、まだ効果的な指定がありました。いくつか紹介しましょう。

・簡単な説明文にする

　子どもも使うことを想定して、回答を平易な文章で表現してくれるように指定します。たとえば、「回答は中学生にもわかるように簡単な文章で表現してください」などと指定しておくと、GPTの回答文が平易な文章で表現されます。

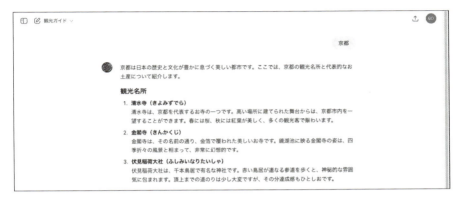

平易な文章で回答してくれる

> **⚠️ 注意!!**
>
> **小学生相手のGPTは作成できない**
>
> GPTのユーザーは、規約によって13歳以上を対象としているため、「指示」欄に「10歳の子どもにもわかるように」などと記述すると、規約違反となって指定が取り消されてしまう。子ども向けのGPTを作成したいときは、「子ども向け」や「中学生にもわかる」といった具合に、13歳未満の指定を避けるような表現で指定する必要がある
>
>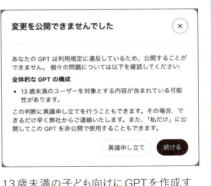
>
> 13歳未満の子ども向けにGPTを作成することはできない

・回答文の文字数を制限する

　簡単な回答でよければ、「ごく簡単な説明で回答してください」と指定しておけばいいし、逆により詳しい回答が欲しければ、「なるべく詳しく回答してください」と指定するといいでしょう。

　また、「500字以内で回答してください」「3,000字以内で回答してください」「500～1,000字以内で回答してください」「2,000字以上で回答してください」といった具合に、回答の文字数を指定することもできます。

> **!注意!!**
>
> GPTは文字数を数えるのが苦手で、「1,000字以内で」と指定しても1,500～3,000字ほどで回答してくることもあれば、「1,000字以上で」と指定しても800～2,000字程度で回答してくることもある。文字数指定は、あくまで目安程度に考えておいたほうがよい
>
>
>
> 文字数を指定して回答させる。例で300字以内を指定したが、実際には376字で回答された

・箇条書きで回答させる

　作成するGPTによっては、論文のような長い文章で回答されるものもあるでしょう。たとえば読書感想文のようなものを回答させようとすると、あらすじや感想などを回答してくれます。

　しかし、より簡潔な回答を得たければ、「箇条書きで回答してください」と指定しておくといいでしょう。また「番号を付けた箇条書きで」などと指定しておけば、それぞれに番号を付けて回答してくれます。GPTは基本的に会話型チャットボットですから、GPTの回答を見て、「3番の項目をもっと詳しく説明して」などと会話を進めることもできます。

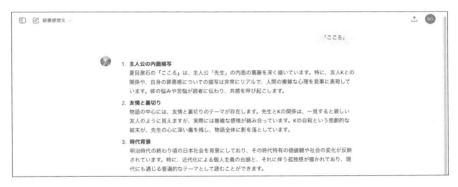

読書感想を箇条書きで回答させる

パラメータを変更する
ChatGPTの隠れた機能

　ChatGPTの隠れた機能に、ユーザーが指定できる**パラメータ**があります。このパラメータは、実はカスタムGPTでも有効になっています。パラメータは、やはり「指示」欄に記載しておくと、プロンプトで指定したのと同じような効果が得られます。

▼**パラメータの種類**
　パラメータには次のようなものがあります。

- n

　生成する答えの数を設定します。nには1〜10までの整数が指定でき、指定した数値の数だけ回答を返してくれます。
　たとえば、前節のように「箇条書きで」と指定するとき、「n=3に設定してください」と指定しておくだけで、3項目の箇条書きで回答してくれるようになります。

n=3に設定したときの箇条書きの回答

・ランダム性を制御する temperature パラメータ

　GPTがテキストを生成する方法は、簡単にいってしまえば、ある言葉に続けて次に出てくる確率の高い言葉を選択し、それによってテキストを作成していきます。もちろん、ユーザーのプロンプトを解釈し、それに合うような言葉を選択していくのですが、その言葉の選択の精度、つまり次につながる言葉の確率の精度を制御しているのが、temperature パラメータです。

　標準では、この temperature パラメータは0.7で設定されていますが、指定できるのは0〜2の間となっています。数値が低くなればなるほど厳密になり、高ければよりランダムになります。

　数値を低く設定すれば、生成されるテキストはより厳密になり、高く設定すればより創造性の高いテキストになる、と考えるといいでしょう。

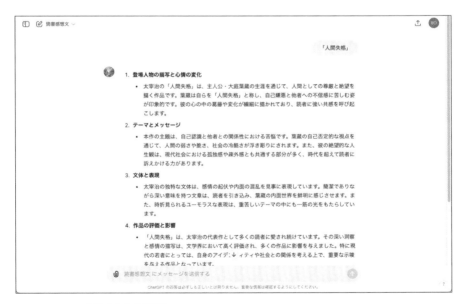

temperature=0.3のときの回答

・単語の修復を調整する presence_penalty パラメータ

　GPT が生成するテキスト内で、同じ単語や文章が出現する頻度を設定するのが、presence_penalty パラメータです。設定できるのは -0.2〜2.0 までの値で、標準では 0 に設定されています。

　このパラメータの値を低く指定すると、同じ単語や文章が出てくる頻度がより少なく、高い値を設定すれば同じ単語や文章の繰り返しが多くなります。

・単語の出現度を調整する frequency_penalty パラメータ

　presence_penalty パラメータと同じような機能ですが、frequency_penalty パラメータでは同じ単語や文章の繰り返しを調整できます。

　このパラメータは -0.2〜2.0 の範囲で指定でき、標準では 0 に設定されています。パラメータの値を低く設定すると、同じ単語や文章の繰り返しが少ないテキストが生成され、高く設定すると同じ単語や文章の繰り返しが多くなる傾向があります。

主なパラメータ

パラメータ	設定値	初期値	機　能
temperature	0〜2	0.7	出現する語句の確率を変更する
Top_p	0〜1	0.9	生成されるテキストの確率を調整する
n	1〜10	1	回答の数
presence_penalty	-0.2〜2.0	0	同じ単語や文章が出現する頻度の設定
frequency_penalty	-0.2〜2.0	0	同じ単語や文章の繰り返しの設定

テストとフィードバック
カスタムGPTの使い勝手や性能を左右する重要な部分

　カスタムGPTの「指示」欄には、**ユーザーがプロンプトで指定する命令や指示を補足するような指定**ができます。この欄の記述こそが、カスタムGPTの使い勝手や性能を左右する重要な部分だといってもいいでしょう。

　それだけに、カスタムGPT作りでは「指示」欄にどのような指定をするか、試行錯誤を繰り返すことになります。

　ただし、最初から完璧な「指示」を記入する必要はありません。何度でも繰り返して記入し、あるいは書き換えて、カスタムGPTを調整していけばいいのです。

▼カスタムGPTの調整のやり方

　カスタムGPTの調整は、「マイGPT」ページで編集したいGPTの右側にある「GPTを編集する」ボタン（ペン型アイコン）をクリックします。すると指定したGPTの作成画面に変わります。

　この画面で、GPTの内容を変更できます。変更できるのは、GPTの名前から説明、指示などすべての項目です。もちろん、GPTのプレビュー画像も変更できます。

　「指示」欄の指定は、GPTでやりたいこと、やりたくないこと、注意点、あるいはパラメータなど1つずつ設定・変更してみるといいでしょう。指定がどのような機能や結果になるかは、「指示」欄の指定を変更したら画面右上の「更新する」をクリックします。

　GPTの内容が変更されると、「GPTを更新しました」と書かれたダイアログボックスが現れます。

1 「マイGPT」画面で、編集したいGPTの右にある「GPTを編集する」ボタンをクリックする

2 GPTの編集画面に変わるので、変更したい項目を修正し、「更新する」をクリックする

3 GPTが更新された

> 📖 **Memo**
> 「GPTを更新しました」ダイアログボックスで、「GPTを表示する」ボタンをクリックすると、いま更新したGPTが起動して表示される。この画面でプロンプトを記入して「↑」ボタンをクリックし、GPTの動作や機能がどう更新されたか確認する

カスタムGPT作りは、この作成・更新の操作の繰り返しによって、より精度の高い、あるいはより高性能なGPTにブラッシュアップしていくといいでしょう。

▼プロンプトのコメントアウト

「指示」欄の記述はさまざまな試行錯誤の繰り返しになります。このとき覚えておきたいのが、**プロンプトのコメントアウト**です。

コメントアウトとは、記入した指示はGPTの動作で無視するよう指定するときに使えるもので、「指示」欄に、次のように記入しておくと便利です。

//以下の指定は無視してください。

この行以降の指示は、GPTの動作では無視されることになります。たと

えば、GPTの回答で画像を生成させて表示させたいとき、次のように指定しました。

（例）指定された地域のイメージ画像を作成して表示してください。

この指定を行い、GPTを動作させると、回答には毎回画像を生成して表示してくれますが、これでは動作が重くなりがちです。そこで、この指定をコメントアウトしてしまいます。

（例）//以下の指定は無視してください。
//指定された地域のイメージ画像を生成して表示してください。

これでGPTを動作させても画像の生成は行われません。GPTの動作が思うようなものになったら、このコメントアウトを外してしまえば、再び回答には画像が生成されるようになります。わざわざ指定の記述を書き直さなくても、単にコメントアウトを外すだけですから、このほうが作業がラクになります。

どの指定で動作や機能がどう変わったかを確認するためには、指定のコメントアウト機能を便利に活用してみるといいでしょう。ただし、コメントアウトが無視されることもあります。

❗注意‼

GPT-4には、1分当たり最大600回、1日当たり最大10万回までという回数制限がある。GPTsの作成時に試行錯誤して何度もカスタムGPTを実行すると、時にはこの回数制限にひっかかってしまうこともある。
また、実際に作成したカスタムGPTを一般公開すると、利用数が1日10万回以上を超えることも出てくる。これらの使用制限にも注意したい

ウェブ参照を利用しよう

最新の情報から回答を得る

　カスタムGPTはChatGPTの中でもGPT-4が利用されます。このGPT-4では、インターネット上を検索してその結果を回答に反映させることができます。そのため、カスタムGPTでも**インターネット上を検索し、その結果を回答に反映させられる**のです。従来のGPTではインターネット内のデータなどを事前に学習させていますが、「明日の天気は？」などの質問にはデータがないため、回答できませんでした。これがGPT-4になってインターネットを検索することで、最新の回答が得られるようになったのです。

▼インターネット内を検索して最新の回答を得る方法

　カスタムGPTでも、インターネット内を検索し、最新のデータを得られるようになっています。これはカスタムGPT作成画面の「機能」欄にある「ウェブ参照」を有効にすることで可能です。

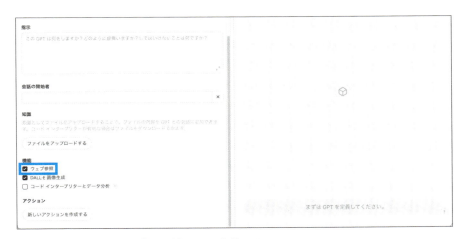

カスタムGPT作成画面で「ウェブ参照」を有効にする

たとえば、回答するためには最新情報が必要なカスタムGPTを作ってみましょう。本書執筆時にはパリでオリンピック2024大会が開催されていました。そこでこのパリオリンピックでの金メダリストが即座にわかるGPTを作ってみました。
　このGPTの「指示」欄には、次のように指定しました。

> パリオリンピックの結果をWebで検索し、指定された競技の金メダリストを日本語で箇条書きで表示してください。

　その下のほうにある「ウェブ参照」にはチェックマークを付け、有効に設定します。
　このGPTでは、ユーザーがプロンプトに競技名を記入すると、パリオリンピックでのその競技の金メダリストを表示してくれます。

指定した競技の金メダリストが表示された

　GPT-4では、特にWebを検索するよう指定しなくても、事前に学習したデータ内にないものは、自動的にWebを検索してその結果を回答してくれます。ただし、「指示」欄ではこのWeb検索を行うよう、明示的に指定

しました。この指定を行わないと、事前学習のデータでのみ処理しようとするケースもあるからです。

また、「ウェブ参照」のオプションも有効にしておきます。この機能をオフに設定していると、次画面のようにインターネット検索機能が利用できないため、最新情報が提供できない、という回答になってしまいました。

ウェブ参照機能が利用できない

インターネットにはさまざまな情報が掲載されています。それらの情報は、多くが英語で書かれています。ウェブ参照機能でも、特に指定されない限り、ユーザーが指示した言語でWebが検索され、その結果が表示されるようです。

つまり、ユーザーが英語で指定すると、GPTも英語の情報を検索し、英語で回答することが多いのです。日本語で指定しても、さまざまな情報を検索して英語で回答するケースもあります。

そこで日本語で回答してほしいときは、「指示」欄に「日本語で表示してください」などと明示的に指定しておくといいでしょう。これでWebを参照しても、日本語で回答してくれるようになります。

画像生成を利用する

指定に合う画像を生成する

　カスタムGPTでは、DALL-Eを利用した**画像生成機能**も利用できます。この画像生成についてはすでに説明しましたが、カスタムGPTで画像を生成させたければ、「機能」欄の「DALL-E画像生成」オプションにチェックマークを付け、有効に設定しておきます。

　OpenAIの画像生成AIは、DALL-E 3です。自然言語で指定することで、その指定に合う画像を作成してくれるサービスです。ただし、このDALL-Eを利用するためには、有料のChatGPT Plusにアップグレードする必要があります。カスタムGPTを作成するには、やはりChatGPT Plusにアップグレードしているので、この点では特に操作や変更は不要です。

　DALL-Eは自然言語で指定し、それに合う画像を生成してくれますが、画像を生成させるだけならDALL-Eを利用すればいいわけですから、わざわざカスタムGPTを作成する必要はありません。カスタムGPTで画像生成を利用するなら、テキストによる回答とともに画像も表示するようなGPTを考えてみるといいでしょう。

　たとえば、前節の金メダリストの一覧で、回答の先頭に女性アスリートの画像を生成させて表示してみましょう。次のように指定しました。

> 回答の最初に、その競技の日本人女性アスリートの画像を作成して表示してください。

　もちろん、「機能」欄の「DALL-E画像生成」オプションにチェックマークを付け、有効に設定しておきます。
　このカスタムGPTを動かしてみると、次画面のような回答が表示されました。

Chapter 3　自分だけのGPTを作るプロンプトの指定方法

画像と金メダリストの一覧が表示された

　これでかなり便利なGPTになったのではないでしょうか。
　DALL-Eの指定は、日本語で入力しても英語で入力しても、特に問題はありません。ただし、日本語で指定して生成させた画像は、次に同じように指定しても画像が崩れやすくなるようです。この現象を回避するためには、英語で指定して画像を生成させるといいでしょう。
　プロンプトを日本語で指定したときも、これを英語に変換し、また変換されたプロンプトの英語を確認したいときは、次のように指定できます。

指定された画像を生成します。必ず英語プロンプトで画像を生成してください。
最後に、実際に指定された英語プロンプトを表示してください。

101

指定されたプロンプトの英文が表示される

　この画像では、「日本人の女性サッカーアスリート」と指定しましたが、英文に変換されて指定されたのは、次のものでした。

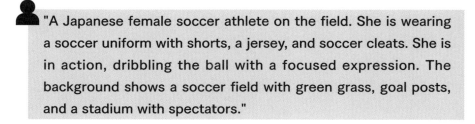

"A Japanese female soccer athlete on the field. She is wearing a soccer uniform with shorts, a jersey, and soccer cleats. She is in action, dribbling the ball with a focused expression. The background shows a soccer field with green grass, goal posts, and a stadium with spectators."

　英文での指定のほうが、画像の細部まで指定されています。この英文を手直しすることで、より細部までこだわった画像を生成させる可能性が高いのです。

Chapter 3 自分だけのGPTを作るプロンプトの指定方法

コードインタープリターで
データ分析・加工を行う

ノーコードで利用が可能

　カスタムGPT作成画面には、機能として**「コードインタープリターと**
データ分析」というオプションがあります。

　コードインタープリターとは、プログラムのコードを使い、登録した
データやファイルなどを処理する機能です。プログラムを作成する機会は
ないから、自分には不要な機能だと思うユーザーも少なくないでしょう。
しかし、GPTのコードインタープリターとは**ノーコード**、つまりプログラ
ムコードを記述することなく、これらの機能を利用できる大変便利な機能
なのです。

　たとえば、Excelで作成した表をGPTにアップロードし、この表に記載
されている要素ごとにグラフを作成させたり、あるいはWordのファイル
をアップロードし、この文書ファイルにExcelファイルを分析させて作成
したグラフを貼り込み、PDFファイルに変換して出力させる、などといっ
たことさえ可能なのです。

　企業のさまざまな数値をExcelファイルにまとめておき、これらのファ
イルの中身を分析して来期の売上目標を算出する、といった本格的な経営
分析もできます。Wordのメモや報告書といったファイルをアップロード
し、これらのファイルをもとに新製品の企画書を作成させることだってで
きるでしょう。

　コードインタープリターを利用すれば、GPTの利用法は無限に広がると
いってもいいのです。

　このコードインタープリター機能を利用するためには、GPT作成画面の
「機能」欄で「コードインタープリターとデータ分析」のオプションに
チェックマークを付け、有効にしておきます。

103

「コードインタープリターとデータ分析」を有効にする

▼カスタムGPTで利用できるコードインタープリターの機能

カスタムGPTで利用できるコードインタープリターの機能は、次の3つです。

・コードを書く

プロンプトで指定した機能を実現するための、プログラムのコードを作成します。作成されるのはPythonのコードだけですが、Python言語を知らなくても実行できるコードを作成してくれます。

たとえば、月別の商品売上数を記載した表を作成し、この表を作成するためのコードを作成・表示させてみましょう。プロンプトに次のように指定するだけです。

> 1月から12月までの月別の商品売上数のデータを作成してください。数値は100から600の間でランダムに設定します。またそのためのコードを作成してください。

Chapter 3 自分だけのGPTを作るプロンプトの指定方法

月別売上数のデータが作成され、そのためのコードが作成された

・グラフを描く

データをもとに、グラフを描かせることができます。前記の例で、続けて「グラフを表示してください」と指定すれば、即座に指定したグラフが表示されます。

作成できるグラフは、PythonのライブラリであるMatplotlibやPandas、Seabornなどを使って作成できるもので、次のようになっています。

コードインタープリター機能で作成できるグラフ

グラフの種類	概　要
折れ線グラフ （Line Plot）	・ データの変化を視覚的に示すのに適している ・ 時間の経過に伴うデータの傾向を示す場合によく使われる
棒グラフ （Bar Plot）	・ 異なるカテゴリー間の比較に適している ・ 縦棒グラフと横棒グラフがある
円グラフ （Pie Chart）	全体に対する各部分の割合を示すのに適している
ヒストグラム （Histogram）	・ データの分布を示すのに適している ・ データの頻度分布を視覚化する
散布図 （Scatter Plot）	・ 2つの変数間の関係を示すのに適している ・ 相関関係を視覚化するのに使われる
箱ひげ図 （Box Plot）	・ データの分布の要約を示すのに適している ・ データの四分位数、中央値、外れ値などを視覚化する
ヒートマップ （Heatmap）	・ データの密度や強度を色で表現するのに適している ・ 行列データや相関行列を視覚化するのに使われる
エリアチャート （Area Chart）	折れ線グラフの下の領域を塗りつぶしたもので、データの傾向を示すのに使われる
積み上げ棒グラフ （Stacked Bar Plot）	各カテゴリーの部分の合計を比較し、それぞれの部分の構成を示すのに適している
ペアプロット （Pair Plot）	・ 多変量データの関係を示すのに適している ・ 各変数ペア間の散布図を作成する

📖 Memo

日本語フォントの導入

コードインタープリターでグラフを表示させると、日本語が文字化けしてしまう。これは日本語のフォントが不足しているため。グラフの要素名などで日本語を使いたいときは、日本語のフォントをアップロードしておくとよい。

フリーで利用できる日本語フォントには、次のようなものがあるので、各サイトでファイルをダウンロードし、事前にこれをアップロードしておく。ファイルのアップロードは、プロンプト左端のクリップマークをク

Chapter 3 自分だけのGPTを作るプロンプトの指定方法

リックするとファイル選択ダイアログボックスが表示され、フォントファイルを指定してアップロードできる

フォント名	概　要	URL
IPAexフォント	独立行政法人情報処理推進機構が開発し、公開している日本語フォント	https://moji.or.jp/ipafont/ipafontdownload/
Noto Sans JPフォント	GoogleとAdobeが開発・公開している日本語フォント	https://fonts.google.com/noto/specimen/Noto+Sans+JP

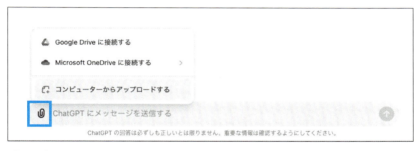

プロンプト左端のアイコンをクリックすると、ファイルがアップロードできる

・**データを分析する**

　ExcelファイルやCSVファイル、あるいはPDFファイルやWordファイルなどをアップロードし、これらのファイルのデータを分析できます。

　分析させたいファイルをアップロードし、たとえば次のようにプロンプトで指定します。

 データ表からデータを分析してください。

107

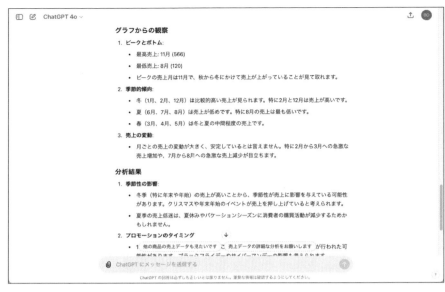

分析するよう指定する

　たったこれだけの指定で、データからピークとボトム、季節的傾向、売上の変動、さらにプロモーションのタイミングや改善のポイントまで回答してくれました。

　もちろん、作成したデータやアップロードしたデータによって、これらの分析内容や分析項目も異なってきますが、GPTの回答を見ながら、より詳細に分析を指定したり、改善のポイントを探ったりすることも可能なはずです。

　コードインタープリターは初心者には少しハードルが高いかもしれませんが、少しずつ利用してみて、自分なりの便利な活用法を見つけるといいでしょう。

独自の「知識」を与えよう

カスタムGPTを独自の頭脳にする

　カスタムGPTの最大のメリットともいえるのが、**「知識」の指定**です。再三記述してきましたが、ChatGPTは事前に膨大な量のデータを学習させ、その学習に基づいてユーザーの指定に合う回答を返してくれるAIです。

　学習に使われるのは膨大な量のデータですが、それらのデータはすでに公表されている文献やインターネット内のデータなどです。その中には、自社の製品マニュアルや社内規則、あるいは社外秘のデータといったものは含まれていないはずです。

　もちろん、これらのデータをChatGPTに読み込ませ、質問すれば、最適な回答も得られる可能性が高くなります。ある製品やサービスについて、その使い方を質問したとき、他のユーザーが実際に使ってみた感想やノウハウはネット内にデータとして存在するかもしれませんが、マニュアルなどを公開していなければ精度の高い、正確な回答は得られません。

　とはいっても、社外秘のデータや製品マニュアル、あるいはプライベートなデータをプロンプトに打ち込むのは心配です。ChatGPTは、デフォルトではユーザーがプロンプトに入力した内容やデータを、AIの学習に利用するよう設定されています。設定を変更することで、AIの学習に使われないよう指定しておくこともできますが、この設定の変更をうっかり忘れていて社外秘のデータがAIの学習に利用されてしまったらどうでしょう。

　そこでカスタムGPTの出番です。作成するGPTに製品やサービスのマニュアル、独自のデータなどを教え、学習データとしてテキストを生成させたらどうでしょう。これらのデータを他の生成AIの学習には使わないよう設定しておく必要もあります。しかしこのGPTなら、社内文書や秘密のデータが外に漏れることなく、ユーザーに専門的な知識を活用してもらえます。その設定こそが、GPT作成画面の**「知識」欄の設定**なのです。

カスタムGPT作成画面の「知識」欄。ここでファイルをアップロードする

　この「知識」欄で、「ファイルをアップロードする」ボタンをクリックして、作成するGPTの頭脳ともいえる〝知識〟をアップロードし、カスタムGPTを独自の頭脳にしてしまうわけです。

　「ファイルをアップロードする」ボタンをクリックすると、アップロードするファイルの選択画面が現れるので、このダイアログボックスでファイルを指定してGPTにアップロードします。

　アップロードしたファイルは、「知識」欄に表示されます。複数のファイルをアップロードできますが、ChatGPT Platform（https://platform.openai.com/docs/assistants/tools/file-search）の説明によれば、ファイルは最大512MBまで、各ファイルは最大500万トークンまで、という制限があります。

　トークン（token）とは、プログラミングなどで用いられている用語で、プログラミング上で意味を持つ最小単位の文字の並びのことです。プログラムでは変数や予約語、演算子といったものが該当しますが、ChatGPTではテキストデータを分割するときの最小単位を指しています。英語なら1

単語が1トークンとされますが日本語の場合は文字単位で計算されているようです。なお、ファイルをアップロードすると、自動的にトークンが計算されます。

ファイルをアップロードすると、「知識」欄にアップロードしたファイルが表示される

　たとえば、ここでは拙著『10倍速で成果が出る！ ChatGPTスゴ技大全』（翔泳社）のテキスト形式の原稿ファイルをアップロードしてみました。ChatGPTの使い方を解説した本で、ChatGPTをどのように使うか、その便利な活用法などを解説しています。
　この本の内容（原稿）をカスタムGPTに事前に学習させておけば、ChatGPTについて質問すればこの原稿の中身を参照し、回答してくれるというわけです。
　もちろん、自社の製品やサービスのマニュアルを学習させたり、経営データをアップロードしておいたり、さまざまな書類の雛形を学習させておけば、それぞれの用途に最適化されたGPTが作成できるわけです。

ファイルをアップロードしたら、「機能」欄の「コードインタープリターとデータ分析」にもチェックマークを付け、有効にしておきましょう。
　こうして作成したのが、次画面の「ChatGPTスゴ技大全」GPTです。

ChatGPTの使い方について答えてくれるカスタムGPTの例

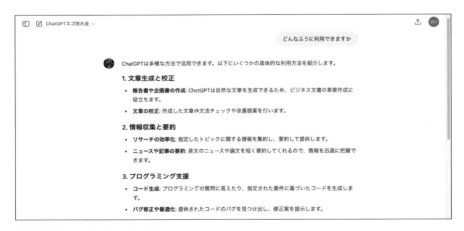

実際に動作させたカスタムGPT

カスタム GPT で「知識」機能を活用すれば、さまざまな独自の GPT が作成できるようになります。どのようなファイルをアップロードして学習させるかによって、完成した GPT は大きく異なってきます。その機能や便利さは、どんな GPT を作りたいのかというアイデアに大きく左右されるでしょう。

自分だけが便利な GPT や、自社や部内、同僚などだけが使っても便利な GPT、そして他のユーザーや世界中のユーザーにとってもユニークで便利な GPT。アイデアと、事前に学習させるデータによっては、世界中で大ヒットする GPT に成長させられる可能性もあります。

カスタム GPT の機能をとことん利用して、そんな便利な GPT を作成してみてください。

Chapter 4

カスタムGPTで
もっと仕事がラクになる

Chat
GPT

ビジネスアシスタントとしてのGPT
仕事に役立つカスタムGPTを作る

　カスタムGPTを便利に活用する方法は、まず、どのようなケースでGPTを利用したいのか、どのような機能のGPTを利用したいのかといった、いわば**GPTのアイデアを考えること**から始まります。

　ChatGPTなら、何も考えずに使い始められます。プロンプトに質問や指示、やってほしいことなどを入力すれば、即座に回答してくれるからです。ただし、その回答は、一般的で無難な回答にすぎません。その無難で汎用的な回答ではない、個別であるがゆえに役立つ回答を得たいからこそ、カスタムGPTを作成するわけです。

　では、どのようなカスタムGPTを作成するといいでしょうか。それを考えるためには、場面別に必要となるケースを考えてみるといいでしょう。たとえば、仕事の場面――。

　仕事の場面といっても、業種や職種によっても必要なGPTは異なってきます。ここではごく一般的な、しかし汎用のChatGPTでは解決されそうもない、そんなカスタムGPTを考えてみましょう。

▼スケジュールを確認する

　GPTを仕事に活用しようと思えば、まず思い浮かぶのがスケジュール管理でしょう。スケジュール管理ができれば、GPTが自分だけのAI秘書になってくれます。

　ところが、たとえばChatGPTに「今日のスケジュールを教えて」などと指定しても、ChatGPTはあなたのスケジュールを把握していないので回答できません。

　そこで今日のスケジュール、あるいは明日以降の予定などをランダムにどんどん記入していき、再度「今日のスケジュールを教えて」と指定する

と、今度はChatGPTに教え込んだスケジュールの中から今日の予定だけを抜き出して表示してくれます。

ただし、それでは手間ばかりかかって不便です。これではまったく使いものにならない秘書です。秘書なら、自分でスケジュールを登録して管理してほしいもの。

そんな機能が盛り込めるのが、カスタムGPTです。カスタムGPTには「**アクション**」という項目があり、実はここで**外部API連携を設定できる**のです。

APIとは、Application Programming Interfaceの頭文字をとったもので、ソフトウェア同士をつなぐインターフェースのことです。もう少しわかりやすくいえば、ソフトウェアから別のソフトウェアやWebなどにアクセスし、ソフトウェアのリクエスト（要求）によってレスポンス（応答）するしくみと考えればいいでしょう。

このしくみを利用して、カスタムGPTから何らかのリクエストを送ると、リクエストが送られたソフトウェアやWebからその要求に適するレスポンスを返してくれるようになります。これがAPIの利用です。

たとえば、誰でも使える天気予報APIを提供しているOpen-Meteo（https://open-meteo.com/）のAPIを利用して、天気予報を表示するGPTを作ってみました。

Open-MeteoのAPIを使って作った天気予報GPT

　このOpen-MeteoのAPIを利用するのに認証キーは不要で、プロンプトに天気予報を知りたい場所を記入するだけで、その日の指定された場所の天気、降水量、風速、風向きといった情報が表示できました。

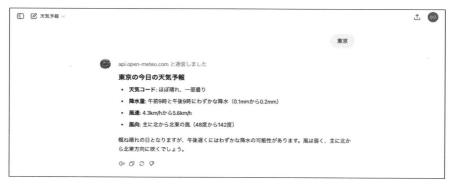

作成した天気予報GPTを動かしてみた

Chapter 4 カスタム GPT でもっと仕事がラクになる

　ただし、これならわざわざカスタム GPT を作成しなくても、ChatGPT で場所を指定して天気予報を質問してみるだけで、同じような回答が得られます。

　では、API を利用するメリットは何でしょう。それは、**API が利用できるアプリケーションや Web なら、汎用の ChatGPT が学習していないデータを読み込み、プライベートな情報や社外秘の情報も扱えて、それをもとにした回答が得られること**です。前記の例でいえば、カレンダーに書き込んだスケジュールのデータを取得し、その中から今日の予定、あるいは 1 週間の予定などだけ抜き出して表示してくれる、といったものです。ChatGPT では扱えない個人のデータも、API が利用できればこれによってデータを取得し、カスタム GPT で扱えるようになるのです。

119

Googleカレンダーと連携する

事前にGoogleカレンダーのAPIが利用できるよう設定しておく

　APIが利用できるカレンダーには、Googleカレンダーがあります。APIを使って**GoogleカレンダーとGPTを連携させれば**、自分だけのAI秘書が誕生します。

　実際に作成してみましょう。まず、マイGPT画面で「GPTを作成する」を指定し、新しいカスタムGPT作成画面に移動します。移動したら、上部の「構成」を指定し、各項目を設定していきます。

新しいGPT作成画面でGoogleカレンダーと連携するGPTを作成する

　名前や説明などは、画面を参考にしてください。「指示」欄には、たとえば「Googleカレンダーの予定を表示する」などと記入しておけばいいでしょう。

「会話の開始者」欄には、「予定を表示したい日付を指定」と記入しました。このGPTでは「知識」は特に必要ありません。「機能」も初期設定のままで構いません。重要なのは最後の**「アクション」**の部分です。

GPT Builderの「アクション」は、外部APIと連携するための機能で、APIとの連携や取得するデータの形式や型、構造などを指定しておきます。そのためには、**事前にGoogleカレンダーのAPIが利用できるよう設定しておく**必要があります。

▼ GoogleカレンダーのAPI利用設定

GoogleカレンダーのAPIを利用できるように設定するためには、Google Cloud Platform（GCP）にアクセスして設定を変更する必要があります。このGCPではGoogleカレンダーだけでなく、GmailやGoogleドキュメントなどのAPIサービスの設定や利用が可能になっています。

GCP（https://console.cloud.google.com/）にアクセスし、表示されたダイアログボックスで利用規約に同意したら、「無料トライアルを試す」ボタンをクリックします。

📖 Memo

「無料トライアル」は90日間有効な300USドル分のクレジットが付加されたサービスで、90日間は無料で利用できる。さらに、この90日間の無料トライアル期間が終了しても、料金が自動的に請求されることはなく、手動でフルアカウントを有効にしない限り、料金は請求されない。また、無料期間が過ぎた後も、APIの呼び出し回数が月200万回以下なら、料金はかからないので、個人で利用する分には料金を気にする必要はない

「無料トライアルを試す」ボタンをクリックすると、「ステップ1/2アカウント情報」という画面に変わるので、内容に目を通して問題がなければ「同意して続行」をクリックします。

続いて、「ステップ2/2お支払い情報の確認」という画面に変わります。この画面で、料金の支払いに利用するクレジットカードまたはデビット

カードの情報、住所、名前などを記入・確認して「無料で利用開始」ボタンをクリックします。

クレジットカード情報は、利用者がロボットではないかどうか確認するためのもので、カード情報を記入しても自動的に料金が請求されることはありません。「無料で利用開始」ボタンをクリックすると、「ようこそ」と書かれた画面に変わります。

1 Google Cloud Platformにアクセスし、「無料トライアルを試す」をクリックする

2 「同意して続行」をクリックする

Chapter 4 カスタムGPTでもっと仕事がラクになる

3 必要な情報を記入して「送信」をクリックする

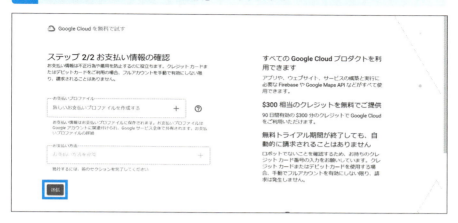

4 Google Cloudのトップページに変わる

・プロジェクトの作成

　APIを利用するために、まずプロジェクトを作成します。画面上部の「My First Project」ボタンをクリックすると、「プロジェクトを選択」ダイアログボックスが現れるので、ダイアログボックスの右上にある「新しいプロジェクト」をクリックします。

123

「新しいプロジェクト」画面に変わったら、プロジェクト名をわかりやすい名前に変更しておきましょう。ここでは「ChatGPT」と記入しておきました。その下の「場所」欄には、「組織なし」と記入されていますが、それで構いません。

プロジェクトに名前を付けたら、「作成」ボタンをクリックします。これでGCPの画面に戻るので、今度は画面上部のボタンでいま作成したプロジェクトを選択します。

選択したプロジェクトのページが表示されたら、画面上部の「APIとサービスを有効にする」をクリックします。これで「APIライブラリにようこそ」と書かれた画面に変わります。

1 「My First Project」をクリックする

2 「新しいプロジェクト」をクリックする

3 作成したプロジェクトに名前を付け（❶）、「作成」をクリックする（❷）

4 作成したプロジェクトを指定する

5 「APIとサービスを有効にする」をクリックする

6 「APIライブラリへようこそ」と書かれた画面が現れる

・Google Calendar APIの選択

　「APIライブラリへようこそ」と書かれた画面には、さまざまなAPIが並んでいます。実はこれらのAPIを指定することで、Googleのサービスを他のアプリケーションからAPI経由で利用できるようになります。

　ここではカスタムGPTからGoogleカレンダーを利用するため、「Google Calendar API」を指定します。

　Google Calendar APIのページが表示されたら、「有効にする」ボタンをクリックし、いくつかの設定を行っていきましょう。

Chapter 4 カスタムGPTでもっと仕事がラクになる

1 画面をスクロールすると、「Google Calendar API」があるので、これをクリックする

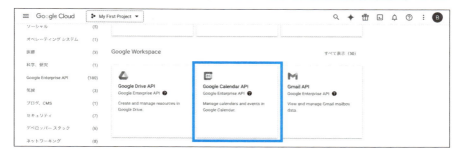

2 「有効にする」をクリックする

・認証情報の作成

　Google Calendar APIのページで「有効にする」ボタンをクリックすると、APIの説明や設定画面に変わります。この画面でAPIが利用できるように設定を行っていきます。

　まず、認証情報の作成です。ページ右端に「認証情報を作成」というボタンがあります。これをクリックすると、「認証情報の種類」画面に変わります。

　この画面で、「APIを選択」欄が「Google Calendar API」になっていることを確認し、さらに「ユーザーデータ」をクリックして有効にします。有効になったら「次へ」をクリックします。

127

1 「認証情報を作成」ボタンをクリックする

2 「認証情報の種類」画面に変わるので、「Google Calendar API」になっていることを確認し（❶）、「ユーザーデータ」を有効にし（❷）、「次へ」をクリックする（❸）

・OAuthの設定

　認証情報の作成が済むとOAuth同意画面に変わります。ここでは「アプリ名」に「ChatGPT」と記入しました。

Chapter 4 カスタム GPT でもっと仕事がラクになる

　次に、「ユーザーサポートメール」欄です。こちらはエラー情報などを受けるためのメールアドレスです。いま API を設定している Gmail アドレスを記入しておけばいいでしょう。

　別のアドレスでメールを受け取りたいときは、受け取るメールアドレスを記入しておきます。

　もうひとつ、デベロッパーの連絡先も記入しておきましょう。こちらはカスタム GPT を利用したユーザーが、制作者に連絡したいときに利用するアドレスです。こちらもいま API を設定している Gmail アドレスか、または別に連絡のとれるアドレスを記入しておきます。

　記入したら、「保存して次へ」ボタンをクリックします。次はスコープの設定です。

OAuth の設定画面

129

・スコープの設定

　スコープとは、アプリユーザーに許可を求める権限のことです。Googleカレンダーの情報はプライベートな情報ですから、カスタムGPTを利用するユーザーがこのプライベートな情報にアクセスできるよう、許可しておく必要があるわけです。

　この画面で、「スコープを追加または削除」ボタンをクリックして、どのスコープを許可するか指定します。適するスコープを設定しておかなければ、カスタムGPTのユーザーがGoogleカレンダーの情報にアクセスできません。

　設定できるスコープの一覧から、ここでは「すべてのカレンダーの予定の表示と編集」または「.../auth/calendar.events」を探し、チェックマークを付けます。もし見つからないときは、「スコープの手動追加」欄に次のように記入しておきます。

https://www.googleapis.com/auth/calendar.events

　最後に画面をスクロールし、下部の「更新」ボタンをクリックしてスコープを有効にします。

1 「スコープを追加または削除」ボタンをクリックする

Chapter 4 カスタム GPT でもっと仕事がラクになる

2 設定できるスコープの一覧が表示されるので、画面をスクロールし、Google カレンダーのスコープを有効にする

3 「更新」ボタンをクリックする

131

・認証情報の設定

　スコープの設定で「更新」ボタンをクリックすると、「認証情報の作成」トップ画面に戻るので、「機密性の高いスコープ」という欄に、いま作成したカレンダーが追加されているか確認し、問題がなければ「保存して次へ」ボタンをクリックします。

スコープが追加されているかどうか確認し、「保存して次へ」ボタンをクリックする

・OAuthクライアントIDの設定

　次に、OAuthクライアントIDの設定です。OAuthクライアントIDとは、GoogleのOAuthサーバーでどのアプリケーションからリクエストが届いたのかを識別するための個別の名前です。

　ここではカスタムGPTからリクエストが送られ、これがGoogle Calendar APIに渡されて処理されるわけです。「アプリケーションの種類」には「ウェブアプリケーション」を選択し、「名前」欄には「GPT」とでも設定しておきます。これはクライアントを識別するためのIDですから、自分でわかる名前を付けておけば十分です。

　これでAPIの設定は完了です。画面を末尾までスクロールし、「完了」ボタンをクリックして終了です。

Chapter 4 カスタムGPTでもっと仕事がラクになる

1 「アプリケーションの種類」を選択し（❶）、名前を付ける（❷）

2 画面をスクロールし、末尾の「完了」ボタンをクリックする

・接続情報の確認

　Google Calendar APIの設定が完了したら、接続情報を確認し、さらにOAuthクライアントをコピーしておきましょう。

　このOAuthクライアント名は、カスタムGPTでAPIを利用するときに必要となります。

　「API／サービスの詳細」画面で左側メニューから「認証情報」を指定すると、作成したAPIキーの認証情報画面に変わります。いま作成した

133

OAuthクライアントIDが表示されているのを確認し、このIDの右端にある「クライアントID」の部分をクリックします。これで作成したOAuthクライアントIDがクリップボードにコピーされました。

> **Memo**
> クライアントIDは、カスタムGPTの設定で必要になるので、クリップボードからメモ帳などにペーストしておく

次に、作成したOAuthクライアントIDをクリックします。すると「ウェブアプリケーションのクライアントID」のページが表示されるので、画面右下のほうにあるクライアントシークレットと書かれた部分で、やはりコピーアイコンをクリックし、クライアントシークレットをコピーします。

この情報も、メモ帳などにペーストしておきましょう。

1 「API / サービスの詳細」画面で、左側メニューから「認証情報」を指定する

Chapter 4 カスタムGPTでもっと仕事がラクになる

2 作成したOAuthクライアントIDの「クライアントID」をクリックする

3 クライアントシークレットをコピーする

・**テストユーザーの登録**

続いて「ウェブアプリケーションのクライアントID」画面で、左側メニューから「OAuth同意画面」を指定します。

> **Memo**
> もしAPIのトップ画面などに戻ってしまったときも、左側のメニューから「OAuth同意画面」を指定すれば、この画面に変わる

「OAuth同意画面」のページで画面をスクロールし、「テストユーザー」欄で「＋ADD USERS」ボタンをクリックします。すると「ユーザーを追加」画面が表示されるので、いまGoogle Cloud Consoleにログインしているユーザーのgoogleアカウント、つまりGmailアドレスを記入し、「保存」ボタンをクリックします。

これでGoogle Cloud Consoleの設定は完了です。ここまで設定することで、カスタムGPT内でGoogleカレンダーのAPIが利用できるようになります。

1 左側メニューから「OAuth同意画面」を指定する

Chapter 4 カスタム GPT でもっと仕事がラクになる

2 「テストユーザー」欄で「＋ ADD USERS」ボタンをクリックする

3 ユーザーのメールアドレスを記入し（❶）、「保存」ボタンをクリックする（❷）

137

スケジュール管理専用GPT

Googleカレンダーを利用するカスタムGPTを作る

　ここまでの解説で、GoogleカレンダーのAPIが利用できる準備が終わりました。では実際に、Googleカレンダーを利用するカスタムGPTを作ってみましょう。プロンプトで「今日の予定を教えて」と指定すれば、Googleカレンダーを参照して登録されている今日の予定を表示してくれるGPTです。

　ChatGPTの「マイGPT」画面で、新しくGPTを作成します。作成するGPTの名前やアイコン、説明、それに指示などを記入し、画面下部の「アクション」欄で「新しいアクションを作成する」ボタンをクリックすると、「アクションを追加する」画面に変わります。

> **Memo**
> 「機能」欄は初期設定のままで構わないが、ウェブ参照やDALL-Eの画像生成などは必要ないので、すべてのチェックマークを外しておいたほうがよい

　ここではカスタムGPTにどのようなアクションをさせるかを設定します。認証、スキーマ、プライバシーポリシーの3つの項目がありますが、次のように設定しておくといいでしょう。

▼認証

　「認証」欄をクリックするか、または右端の歯車アイコンをクリックすると、「認証」ダイアログボックスが現れます。

　このダイアログボックスでは、「OAuth」を選択します。GoogleカレンダーのAPIでOAuthの設定を行っていたので、ここでも「OAuth」を指定するわけです。するとダイアログボックスの内容が変わります。

Chapter 4　カスタムGPTでもっと仕事がラクになる

認証	
認証タイプ	
● なし　○ API キー　○ OAuth	
	キャンセルする　保存する

「認証」ダイアログボックスが現れる

認証
認証タイプ
○ なし　○ API キー　● OAuth
クライアント ID
<HIDDEN>
クライアント シークレット
<HIDDEN>
認証 URL
トークン URL
スコープ
トークン交換メソッド
● デフォルト (POST リクエスト)
○ 基本認証ヘッダー
キャンセルする　保存する

「OAuth」を指定すると、ダイアログボックス
内の項目が変わる

　GoogleカレンダーAPIの設定のとき、クライアントIDとクライアント
シークレットの内容をコピーし、メモ帳などに貼り付けておいたはずで
す。もし忘れていたら、134ページを参照してもう一度クライアントIDと
クライアントシークレットをコピーしておきましょう。

　コピーしておいたクライアントIDとクライアントシークレットを、こ
の「認証」ダイアログボックスの該当箇所にペーストします。

　また、「認証URL」「トークンURL」「スコープ」には、それぞれ次のURL
を記述しておきます。

　認証URL：https://accounts.google.com/o/oauth2/v2/auth

　トークンURL：https://oauth2.googleapis.com/token

　スコープ：https://www.googleapis.com/auth/calendar.events

最後の「トークン交換メソッド」は、「デフォルト（POSTリクエスト）」を選択しておきます。

　ダイアログボックス内のすべての項目を設定したら、「保存する」ボタンをクリックし、設定を保存します。

▼スキーマの記述

　作成するカスタムGPTとGoogleカレンダーとは、APIによって連携されます。GPTのプロンプトに記述した指定がAPI経由でGoogleカレンダーに伝えられ、逆にカレンダー側からのレスポンスがGPTに送られ、それがGPTの回答として表示されるわけです。

　これら一連の動作を設定するのがスキーマです。このスキーマはOpenAPI仕様のもので、詳しい仕様はOpenAIのドキュメントに記載されています。次のアドレスから参照できます。

https://platform.openai.com/docs/actions/introduction

　また、「スキーマ」の右端に「例」と表示されたプルダウンメニューがあるので、ここから「Weather（JSON）」や「空のテンプレート」を選択すると、スキーマのボックスに指定されたスキーマが表示されるので、これらを参考にしてみるといいでしょう。

　ただし、APIを利用するのがはじめてとか、「スキーマって何だろう」という人もいるでしょう。これでは簡単に利用できるはずだったChatGPTが、途端に難しくなってしまいます。

　そんなときこそ、ChatGPTに質問して、スキーマを作成してもらえばいいのです。これこそChatGPTの賢い利用法のひとつです。

　スキーマ欄の右下に、「ActionsGPTからヘルプを取得する」ボタンが表示されています。このボタンをクリックすると、「ActionsGPT」というGPT画面に変わります。これこそ**カスタムGPTの設定を行うための専用GPT**なのです。

Chapter 4 カスタムGPTでもっと仕事がラクになる

ActionsGPTのページが開く

ActionsGPTのプロンプトに、次のように指定してみました。

GoogleカレンダーとAPIで連携するGPTを作成したいのですが、OpenAI仕様でカスタムGPT用の正しいスキーマを次を参考にして記述してください。

すると、ActionsGPTは次のようなスキーマを記述してくれました。

```
{
  "openapi": "3.1.0",
  "info": {
    "title": "Untitled",
    "description": "Your OpenAPI specification",
    "version": "v1.0.0"
  },
  "servers": [
    {
      "url": ""
```

141

```
    }
  ],
  "paths": {},
  "components": {
    "schemas": {}
  }
}
```

　もちろん、このスキーマの内容は、自分が作成しようと考えているカスタムGPTにそのまま流用することはできません。自身の設定などに合わせ、いくつか書き直す部分があります。

　あるいは、ActionsGPTが書き出したスキーマをそのままカスタムGPTの「スキーマ」に貼り付けると、間違いがあればエラーを表示してくれます。そのエラーをコピーし、ActionsGPTの会話に続けて、「エラーが出たからそこを直してほしい」と指示すれば、手直ししたコードを表示してくれます。こうして何度か会話し、コードをコピー＆ペーストして試していくことで、次のようなスキーマが作成されました。

ActionsGPTが作成したスキーマ

```
{
  "openapi": "3.1.0",
  "info": {
    "title": "Google Calendar Integration GPT",
    "description": "This is an OpenAPI specification for a GPT ➡
model that integrates with Google Calendar.",
    "version": "v1.0.0"
  },
  "servers": [
```

```
    {
      "url": "https://www.googleapis.com/calendar/v3"
    }
  ],
  "paths": {
    "/calendars/{calendarId}/events": {
      "get": {
        "operationId": "listEvents",
        "summary": "List Events",
        "description": "Retrieves a list of events from the ➡
specified calendar.",
        "parameters": [
          {
            "name": "calendarId",
            "in": "path",
            "required": true,
            "description": "The ID of the calendar to retrieve ➡
events from.",
            "schema": {
              "type": "string"
            }
          },
          {
（後略）
```

　取りあえずこのスキーマで、エラーは出なくなりました。カスタムGPT
の「アクションを追加する」画面には、スキーマの下に「利用可能なアク
ション」という欄が追加され、予定を取得する（GET）アクションや、予
定を追加する（POST）アクションが追加されていることがわかります。

143

利用可能なアクションが追加されている

▼**プライバシーポリシー**

　最後に、「プライバシーポリシー」という欄がありますが、これは作成したカスタムGPTを公開するとき、個人情報の扱いや利用規約などを記述したもので、それらを記述しているページのURLを指定します。実際に公開するとき、プライバシーポリシーのページを作成してURLを記入しておくといいでしょう。

　GPTのアクションの設定が終わったら、画面右上の「更新する」ボタンをクリックします。これで設定は完了です。

▼**「承認済みのリダイレクトURL」を設定する**

　もうひとつ、GoogleカレンダーAPI側の設定を変更しておきましょう。Google Cloud Platformにアクセスし、設定していたGoogleカレンダーの

APIキーの認証情報画面で、「承認済みのリダイレクトURL」を設定します。

まず、作成中のGPTの画面で、アクション欄の下の「コールバックURL」の欄の右端のアイコンをクリックし、コールバックURLをコピーします。

次にGoogle Cloud Platformの「認証情報」画面で、「承認済みのリダイレクトURI」の欄にコピーしておいたものを貼り付けます。これで**GPTのコールバックがGoogleカレンダーAPIに承認される**ことになります。

ここまで作成できたら、カスタムGPTを更新し、実際に動作するかどうか確認してみましょう。カスタムGPT作成画面の右側はプレビュー画面ですから、ここのプロンプトに「今日の予定は？」などと指定してみます。

Googleカレンダーに記入されていた予定が表示されれば、カスタムGPTの作成は成功です。

カスタムGPTといっても、少し複雑な動作のGPTは、作り慣れていなければ大変な作業でしょう。その大変な部分も、ChatGPTを使いながら少しずつ作業していけば、初心者でも何とかカスタムGPTが作成できるようになるはずです。

145

1 コールバックURLをコピーする

2 コピーしたコールバックURLを貼り付けると、GPTのコールバックが
Googleカレンダー APIに承認される

Chapter 4　カスタムGPTでもっと仕事がラクになる

3　プレビュー画面で動作を確認する

ユーザーの質問に回答するGPT

AI時代を先取りする便利なGPT

　カスタムGPTが作成できるようになったら、仕事に活用できるGPTを作成してみましょう。これこそAI時代を先取りする便利なGPTともいえるものなのです。

　たとえば、会員や顧客から自社の製品やサービスへの質問が寄せられたとき、従来なら担当者がメールに返信したり、電話に出て説明したりといった作業を行っていたのではないでしょうか。カスタムGPTが作成できれば、そんな顧客からの質問に答えてくれるAIが誕生するのです。このGPTを自社サイトに配置しておけば、サポートの手間も省力化できるようになるでしょう。

▼ユーザーからの質問に答えてくれるGPTの作成法

　GPTに製品やサービスのマニュアルを参照させるためには、**「知識」にこれらのマニュアルをアップロードしておき**、この内容を参照して答えるよう指定してあげればいいでしょう。次のようなGPTを作成してみました。

　ここでは総務省がPDFで配布している『令和6年版　情報通信白書』（https://www.soumu.go.jp/johotsusintokei/whitepaper/ja/r06/pdf/index.html）の一部をアップロードし、この内容を参照しながらユーザーの質問に回答するようなGPTを作成してみました。

　PDFファイルをアップロードし、その内容を参照して回答するよう指示しています。ユーザーが『情報通信白書』の内容や、それらに関する質問をすると、PDFファイルの内容を分析して、さまざまな数値や用語などに関する解説を回答してくれます。アップロードするPDFを、自社の経営状況をまとめたものや、製品やサービスのマニュアルなどにすると、ユーザーの質問に正しく回答してくれるGPTが作成できるわけです。

Chapter 4　カスタムGPTでもっと仕事がラクになる

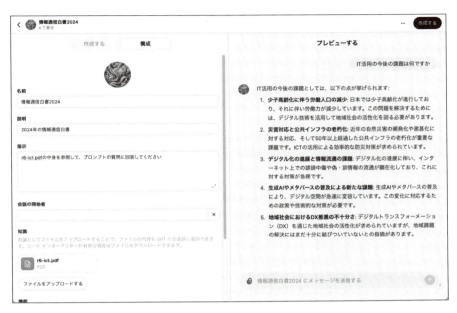

顧客の質問に答えるGPT

> **!注意!!**
> 「知識」としてアップロードできるファイルは、文字コードがUTF-8のテキストファイル、CSV、docx、xlsx、html、PDFといった形式のもので、合計で512MBまでとなっている

データを分析してグラフにする

ファイルをもとにデータ分析させる

　ユーザーからファイルをアップロードしてもらい、その内容をもとに**データの分析や数値のグラフ化などを行うGPT**も、日常の業務に役立つでしょう。

　売上データや利益の推移、あるいは株価などのデータを記録しておき、このデータをGPTにアップロードしてグラフ化したり、内容を分析させたりするなど、これまで手作業でやっていた業務や作業も、GPTを作成して利用するだけで効率よく実行できるようになります。

　たとえば、ファイルをアップロードし、その内容を分析してグラフ化するGPTを作ってみましょう。作成するカスタムGPTでは、「機能」欄で

データ分析・グラフ化が行えるGPT

「コードインタープリターとデータ分析」の項目にチェックマークを付け、有効にしておきます。

▼アップロードしたファイルの内容を分析してグラフ化するGPTの作成法

GPTを起動し、プロンプト左端のクリップマークをクリックし、分析グラフ化させたいファイルを指定してアップロードします。さらにプロンプトで、「データを分析し、グラフにしてほしい」と指示するだけで、アップロードしたファイルの中身が分析され、グラフが表示されます。

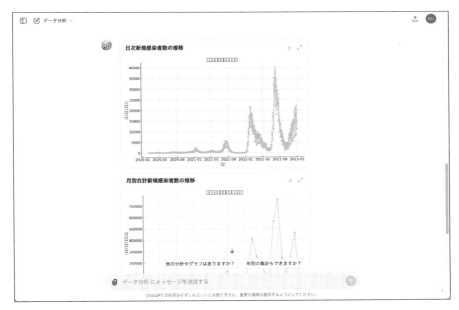

データが分析され、グラフが表示された

ただし、よく見るとわかるように、グラフにはいくつか文字化けしている部分があります。GPTでは、現在のところこのようなグラフで日本語が文字化けしてしまうのです。

これを避けるためには、**データファイルをアップロードするときに、同**

時に日本語フォントのファイルもアップロードしてしまえばいいのです。利用できる日本語フォントには、107ページのようなものがありますが、ここでは独立行政法人情報処理推進機構が開発し、公開している日本語フォントのIPAexフォントを利用してみました。

　GPTのプロンプトで分析させたいデータファイルと、日本語フォントのipaexg.ttfファイルを指定してアップロードします。続けてプロンプトでデータの分析、グラフ化、さらに必要なら月別合計のグラフ化などを指示しました。

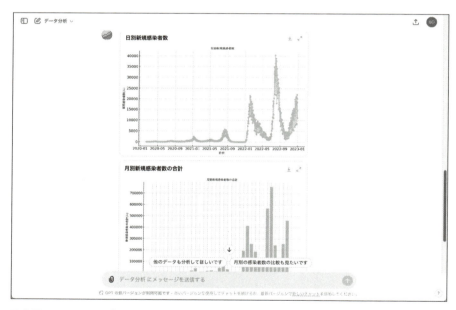

日本語フォントもアップロードしておけば、グラフの文字化けがなくなる

> **Point**
> 文字化けを防ぐために、データファイルをアップロードするとき、同時に日本語フォントのファイルもアップロードしておく

152

画像をアップして経費精算

マルチモーダル機能を活用する

　本書執筆時、ChatGPTはGPT-4、GPT-4o、GPT-4o mini、o1-preview、o1-miniの5つのモデルが利用できるようになっています。これらのバージョンでは**マルチモーダル**といって、テキストだけでなく画像や音声といったさまざまなタイプの情報を入力・出力できるようになっています。

　この便利な機能を活用しない手はありません。たとえば、出張先や出先で支払った経費の精算を行う際、出先でもらった領収書やレシートの写真を撮り、これを即座に経費精算書として出力できたらどうでしょう。出張から帰ってくるたびに、経費の精算書を作成するのが面倒で経理に注意されている、といった不満だって即座に解決です。

▼画像をアップロードするやり方

　カスタムGPTには、領収書やレシートの画像をアップロードし、これを社内の経費精算書の書式に合わせて必要事項を記入し、出力するよう指定します。

　「知識」欄には、社内の経費精算書の書式を記入したファイルをアップロードしておきます。

　実際に使うときは、領収書やレシートなどをスマホで撮影するか、これらをスキャンして画像ファイルにし、この画像ファイルをプロンプトに添付して指定します。プロンプトには、「画像を分析して経費精算書の書式に合わせて出力してください」などと指定すればいいでしょう。

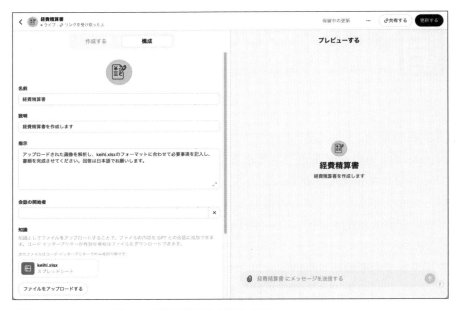

領収書やレシートの画像から経費精算書を自動作成するGPT

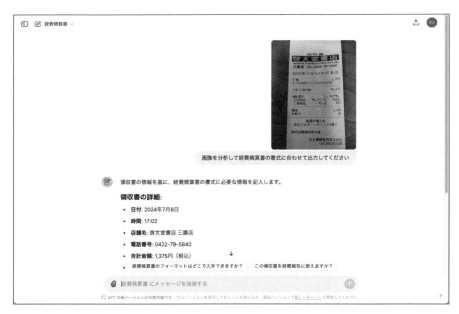

画像が分析され、その内容が指定した書式に合わせて出力される

154

Chapter 4　カスタムGPTでもっと仕事がラクになる

　なお、フォーマットとしてExcelファイルなどをアップロードしておい
たとき、GPTの回答ではファイルのダウンロード先のリンクが表示されま
す。このリンクをクリックすれば、作成された精算書のファイルがダウン
ロードできますが、画面に表示させて確認したいときもあるでしょう。

　こんなときは、「表形式で表示してください」「CSV形式で表示してくだ
さい」といった指定も加えておくと、画面にも表示してくれるようになり
ます。

　また、複数のレシートや領収書を添付して作成したいときは、一度に画
像をアップロードしなくても、GPTの同じ会話内で「追加してください」
と指定すれば、同じ精算書のファイル内に項目を追加してくれます。

　ChatGPTは〝チャット〟という名の通り、同じ会話内なら会話するよう
に話を続けられます。一度に精算書を作成せず、毎日コツコツやっていけ
ば、月末などにまとまった精算書を出力させることもできるはずです。

155

英会話学習サポートGPT
音声入力を可能にする

　カスタムGPTは、仕事や業務に活用できるものばかりでなく、趣味やリスキリングに活用できるものも作成できます。

　たとえば、英会話。グローバルな世界になって、ますます英語の必要性が増しています。もちろん、スマホがあれば自動翻訳アプリなどを使って、誰でも英会話などを楽しめますが、これらのツールなしで会話ができたほうが間違いなく便利です。

　英会話を習いたいと思っていた人も、学校に行く時間がなかったり、お金をかけてまで勉強するほどではない、と思っている人もいるでしょう。こんなときは、ChatGPTで英会話を楽しみながら学んでしまいましょう。

▼音声入力ができるようにする

　ChatGPTはパソコンならブラウザで利用しますが、このブラウザにGoogleのChromeを利用しているなら、Chromeの拡張機能である「Voice In」をインストールすると、ChatGPTでも**音声入力**が可能になります。

　Chromeで「Chromeウェブストア」にアクセスし、Voice In拡張機能をインストールします。

　Voice In拡張機能をインストールすると、Chromeのツールバーにマイクのアイコンが表示されます。表示されない場合は、Chromeのメニューから「拡張機能」-「拡張機能を管理」を指定すると、拡張機能の管理ページが表示されるので、ここで「Voice In」の拡張機能の右下のボタンをクリックし、有効にします。これでツールバーにマイクのアイコンが表示されます。

　この状態で、ChatGPTのページにアクセスし、Chromeのツールバーにあるマイクのアイコンをクリックします。マイクが赤くなったら、ChatGPT

のプロンプトにマウスポインタを合わせてマイクで話しかけます。プロンプトに話した言葉が文字入力されれば、これで大丈夫です。

ChromeウェブストアにあるVoice In 拡張機能をインストールする

マイクに話しかけると、プロンプトに文字入力される

　何か話しかけて[Enter]キーを押すか、右端の[↑]ボタンをクリックすると、話の内容に合わせてChatGPTが答えてくれます。その回答は画面に文字で表示されますが、回答のすぐ下にある左端のスピーカーアイコンをクリックすると、ChatGPTの回答はパソコンのスピーカーから音声で聞こえてきます。
　実は、ChatGPTに音声で回答してくれるよう指示しても、ChatGPTは

「音声での応答に対応していません。テキストでのやり取りのみ可能です」と答えてきます。しかし、それでも回答の下のスピーカーアイコンをクリックすれば、ちゃんと音声も流してくれるのです。

▼英会話のリスキリング用のカスタムGPTを作る

この機能を使って、英会話のリスキリング用のカスタムGPTを作ってみましょう。ChatGPTと英語で会話しても、その回答は初心者には難しい単語が使われていたり、内容も難しかったりします。「英語の初心者向けに、簡単な単語で」といった指示を付け加えておけば、自分の英語力に合わせたカスタムGPTが作成できるわけです。

「指示」欄には次のように指定しました。

> 回答は、中学生にもわかる簡単な英語でお願いします。文法などおかしな表現があるときは、その点を日本語で指摘し、一般的によく使われている言い回しに直して表示してください。

初心者向け英会話学習GPT

このGPTを使えば、ChatGPTと英会話ができるだけでなく、ネイティブの言い回しなどを学ぶこともできます。パソコンの音声出力など、とても実用にならないと考えているようなら、改めたほうがいいでしょう。

パソコンの音声出力は、かつてはコンピュータ音声などと揶揄されたほ

ど不自然なものでしたが、最近の音声出力は少なくとも英語に限っていえば、本当に自然な人間に近いものです。日本語の音声出力を聞いてみれば、少し違和感はあるものの、こちらも人間に近い話し声になっています。英語の出力も、この程度には自然なのでしょう。

ChatGPTを使った英会話学習は、いつでも、好きなときに学習でき、しかも間違いも的確に指摘され、何時間でも付き合ってくれ、イライラして怒られることもなく、そしてそのための料金もかかりません。メリットしかないのです。

さらにいえば、英会話だけでなく中国語でもフランス語でも、あるいはドイツ語でも韓国語でも、さまざまな言語に対応しています。多くの言語を学ぶためにも、ChatGPTは最適なのです。

> **Memo**
>
> **スマホなら簡単に英会話学習ができる**
>
> ChatGPTと英語で会話するためには、パソコンならブラウザの拡張機能などが必要だが、スマホなら最初から音声での入力ができる。スマホ用のChatGPTアプリをインストールし、これを起動すると、プロンプトにはマイクのアイコンも表示されている。このアイコンをタップすれば、音声入力が可能で、さらにChatGPTからの回答もスピーカーから聞こえてくる。
>
> まるで友達や先生と会話するように、スマホなら英語やさまざまな言語で、ChatGPTと会話ができる。
>
> なお、この場合も、作成した英会話用GPTを利用すれば、自分のレベルに合った会話ができるようになる
>
>
> スマホ用ChatGPTなら、手軽に外国語の会話が学習できる

テスト問題作成GPT
効率的な学習を可能にする

　学習するときは、教科書を読んだり問題を解いたり、あるいはその解説を読んだりといったさまざまな方法があります。これらもChatGPTを利用すれば、効率よい学習が可能になります。

　たとえば、新しい分野の知識を得るときも、ChatGPTに質問し、その回答をもとにAIと会話をしていくだけで、多くの知識を習得できます。生成AIは事前に膨大な量のデータを学習しており、さまざまな分野の知識や歴史、問題、現状などのデータも含まれるからです。

　ChatGPTに質問すれば、その答えを回答してくれます。もちろん、回答がすべて正しいとは限りませんが、それでもさまざまな問題についてそれなりの回答を返してくれるのです。

　では逆に、問題を出してもらうことはできるのでしょうか。たとえば、プロンプトで次のように指定して、数学の問題を作成してみました。

> 現在二次関数の勉強をしています。かんたんな二次関数の問題を5問、作ってください。

　問題を作成させるためには、そのための分野やテーマ、あるいは問題のもととなる知識が必要になりますが、ある分野で学習し、その復習のためにAIに問題を作ってもらい、これに解答する作業は、学習のためには重要な作業です。

　この一連の作業を、カスタムGPTでも実現してみましょう。作成するのは、「**テスト問題作成GPT**」です。

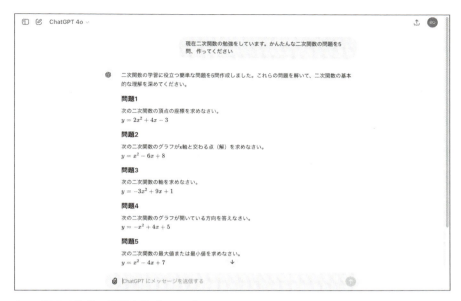

ChatGPTで数学の問題を作成してみた

▼「テスト問題作成GPT」を作成する方法

　マイGPTで「GPTを作成する」を指定し、新しく「テスト問題作成GPT」というGPTを作成します。

　作成する教科やテーマなどによって、必要なら「知識」欄でファイルを指定してアップロードしておきます。たとえば、数学の問題を作成したいときと歴史の問題を作成したいときとでは、事前に学習させるための「知識」にアップロードするファイルの内容が異なるでしょう。

　資格試験などのための学習なら、用語集をファイル化してこれをアップロードしたり、解説書の内容をアップロードしたりしておけばいいでしょう。

　「指示」欄では、次のような指定をしておきました。

あなたは中学校の国語の先生です。
事前に○○ファイルの中身を分析し、これを基に問題を作成してください。
作成する問題は、中学生向けの国語の問題です。
問題は5問作成してください。

　また、「機能」欄の「ウェブ参照」はチェックマークを外して無効にしておきます。これで完成です。

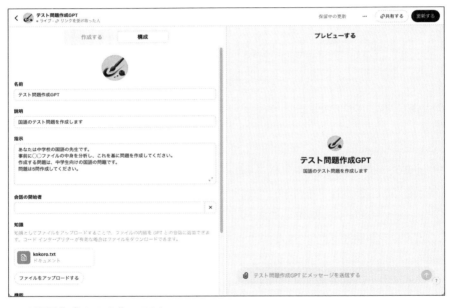

テスト問題作成GPTを作ってみた

　実際にこのGPTでは、夏目漱石の『こころ』の全文のファイルをアップロードし、『こころ』を用いた中学生のテスト問題を作ってみました。なお、漱石の『こころ』のテキストファイルは、日本で著作権が切れたり著者が許諾した作品を、電子書籍として無料で公開している「青空文庫」（https://www.aozora.gr.jp/）からダウンロードしたファイルを使っています。

Chapter 4 カスタムGPTでもっと仕事がラクになる

テスト問題が作成される

　作成したい問題によっては、「指示」欄をもう少し工夫して記述しておく必要があるかもしれませんが、GPTはそれなりの問題を即座に作成してくれました。

　このテキスト問題作成GPTの知識にアップロードするファイルの内容によっては、「日本の地理」だの「日本の歴史」や「戦国武将」「世界遺産」といった特定の分野に限定したクイズ問題を作成させる、といったことも可能です。

　なお、このGPTでプロンプトに「テスト問題を作成してください」と指定し、さらに「解答も表示してください」と指定しておくと、問題とその解答を作成して表示してくれます。

ダミーデータ作成GPT

架空データで経営分析シミュレーションを行う

　GPTを仕事に利用するようになると、新製品の企画書を作成したり経営分析を行ったり、あるいはニュースリリースを作成するなど、さまざまな業務で便利に活用できることがわかってきます。

　自分の仕事や業務、あるいは自社や自分の部署でどのような機能があれば便利なのか、実際にさまざまなGPTを作成してみるといいでしょう。ただし、どんなGPTを作成すればいいのか、初心者ではなかなか想像できないものです。

　そんなときこそ、GPTに質問してみましょう。たとえば、「経営分析用のGPTを作成したい」といった大雑把な指定をするだけで、ChatGPTは必要なデータやプロンプトの指定を回答してくれます。ChatGPTは、財務

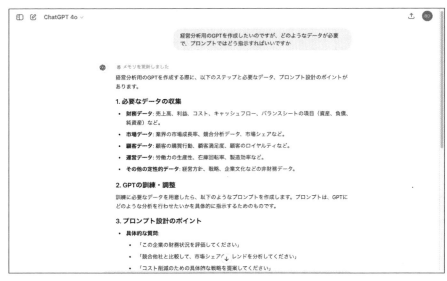

経営分析用のGPTを作成する手順を質問してみた

164

データや市場データ、顧客データなどが必要になると回答しています。プロンプトには「この企業の財務状況を評価してください」などと指定するといいようです。

▼ダミーデータの作成の仕方

このGPTを利用すると、実際にどのような回答が得られるのか興味があれば、データをアップロードしてGPTを動かしてみればいいのですが、データを集めるのは面倒です。

そんなときは、**データそのものも作成するよう指定してしまってもいい**のです。ダミーデータの作成です。この経営分析GPTでは、財務データとして売上高、利益、コストといったデータや市場データ、顧客データなどが必要だと回答されています。

そこでこれらのデータを、ダミーで作ってくれるよう指定するわけです。さらに作成されたデータをもとにして、経営分析を行うよう指定します。その分析結果を図表やグラフで表示してくれるように指定すれば、架空データの経営分析シミュレーションが行えるわけです。

実際に作成するカスタムGPTでは、次のように指定してみました。

「指示」
- プロンプトで指定された業界の、架空の企業の経営分析を行います
- はじめに架空の企業の年間売上高、年間利益のダミーデータを作成してください
- 業界の市場データは、ウェブを参照してください
- ダミーデータをもとに経営分析を行ってください。
- 経営分析した結果をグラフにして表示し、さらに分析結果を回答してください

「知識」
必要なら日本語フォントファイルをアップロードする

「機能」
ウェブ参照
DALL-E画像生成
コードインタープリターとデータ分析

このGPTを実行し、「出版業界」と指定すると、次ページのような回答が表示されました。

もちろんこれは架空のものですが、自分の仕事や自社の業界でも試してみるだけの価値はあります。うまく回答されるようなら、実際のデータをアップロードして、もっと具体的な経営分析を行ってみると役立つでしょう。

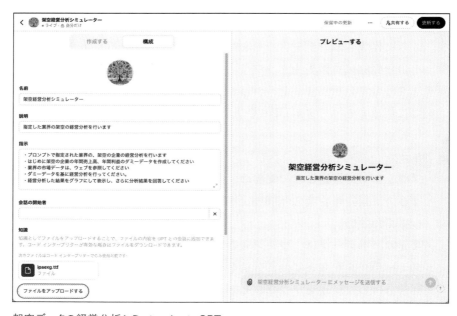

架空データの経営分析シミュレーションGPT

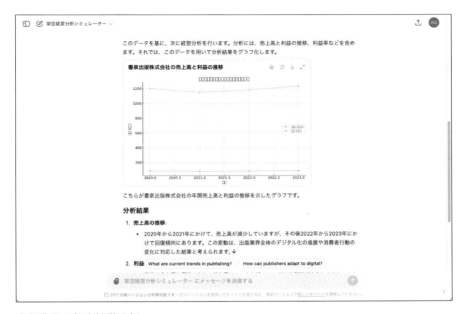

出版業界の架空経営分析

クリエイティブ用途のGPT
キーワードを指定して記事を作成する

　ChatGPTの登場直後には、生成AIは膨大な量のデータを事前学習させているが、それらのデータは過去のものだから、新しい情報や未来のこと、クリエイティブな作業などには向かない、と考えられていました。また、歴史や事実には強いが、架空のことや感情的なことは苦手だと見られていました。

　ところが、実際に生成AIを使ってテキストを生成させてみたり、あるいはGPT-3.5からGPT-4にアップデートされると、実は生成AIはクリエイティブな作業にも向いているのではないかと考えられるようになりました。

　画像は当然ながら、小説を書いたりストーリーを作成したり、あるいは音楽や動画といったものにさえ、最近では生成AIが利用できるようになってきています。これによって、実際にテレビで放映されているCMさえ、生成AIで作成され始めているのです。

▼ニュース記事を作成する

　カスタムGPTでも、もちろんそんなクリエイティブなものを生成させることができます。簡単な例でいえば、SNSやブログに掲載するメッセージや記事、あるいは実際のニュースサイトに掲載される記事でも、キーワードを指定するだけで簡単に記事が作成できてしまうのです。

　ポイントは、**「機能」欄で「ウェブ参照」機能を有効にすること**です。さらに**「指示」欄で、どのような記事を作成したいのかを詳細に指定すること**です。ここでは「ニュース記事生成GPT」というGPTを作ってみました。

Chapter 4 カスタム GPT でもっと仕事がラクになる

ニュース記事生成 GPT

「指示」欄には、次のような指定をしました。

- プロンプトに入力されたキーワードでウェブを参照し、最新の動向やニュースを作成してください
- 最近どのような出来事があったのか、最新の情報を必ず入れてください
- 指定されたキーワードで、事件や問題があればこれも入れてください
- 生成するテキストは、1200字前後の長さにしてください

このニュース記事生成GPTを起動し、プロンプトに「パリオリンピック 日本男子　陸上競技」と3つのキーワードを記入しただけで、次ページのように簡単な記事が生成されて回答されました。

ニュース記事が生成されて表示された

　もちろん、そのまま使うには冗長な部分があったり、足りなかったりする部分もあります。事実を並べただけの部分も多く、評価や批判となる部分も少ないようです。が、それでも少し手直しをするだけで、それなりの〝コタツ記事〟になってしまいます。

　指定するキーワードの数を増やしたり、記事の方向性を詳しく指示し、記者の感想を付け加えたりするだけで、ネット記事としてそれなりに使えるものを生成させることは、すでに可能なのです。生成AIが記事を作成し、それがネット上に氾濫する日も、すぐそこまで来ているのではないでしょうか。

▼4コマ漫画を描く

　OpenAIが提供しているDALL-Eによって、画像も簡単に生成できるようになりましたが、カスタムGPTではこの**DALL-Eの画像生成機能も利用できる**ようになっています。

　画像生成というと、プレゼンに使用する簡単なイラストを思い浮かべる

読者も少なくないでしょう。一般のビジネスパーソンなら、図やイラストといえば、プレゼンや企画書などにちょっと貼り付ける簡単なものといったイメージがあります。しかし、もっとクリエイティブなもの、たとえば社内報に掲載する4コマ漫画や、プレスリリースに添付する概略図のようなものも、ChatGPTやカスタムGPTを利用すれば簡単に作成できるのです。

ここでは4コマ漫画を作成するGPTを作ってみましょう。各コマに描く場面を、それぞれ指定しても構いませんし、キーワードを入力してもらい、その語句から考えられる4コマ漫画を描いてもらうのもいいでしょう。

ただし、AIが考える漫画は、多くはこれまでの既存の漫画の概略に近かったり、どこが面白いのかわからないものだったりします。面白い、楽しい、驚異的、画期的などといった感情や状況を、AIが正しく理解しているとは言い難いのです。

そのため、人間が見て面白いと思うような漫画を生成させるためには、4コマ漫画のそれぞれのコマを詳しく説明してあげるのがベストでしょう。もっとも、そのネタそのものをGPTに考えさせる手もあります。

ここでは「4コマ漫画生成GPT」という、ユーザーが指定したキーワードから4コマ漫画のネタを考え、それを漫画にして表示するGPTを作ってみました。指定したのは次のような項目です。

「指示」
- プロンプトに記述されたキーワードから、4コマ漫画のストーリーを考えてください
- 考えたストーリーを、4コマ漫画にしてください
- 作成した4コマ漫画を1枚の画像にして表示してください
- 台詞は日本語で記述してください

「機能」
- ウェブ参照
- DALL-E画像生成

4コマ漫画生成GPT

　実はGPTに4コマ漫画を生成させてみると、最終的に「表示できません」とエラーが返ってきます。これを避けて画面表示させるためには、**生成した4コマを1枚の画像として表示するよう指定しておけばいい**ようです。
　実際にこのGPTで、「オリンピック　少子化　島国」と3つのキーワードを指定してみたところ、次ページのような4コマ漫画が表示されました。
　漫画のタッチは、画像を生成するごとに変わっています。これを避けるには、「写真ふうに」「鳥山明ふうに」「長谷川町子ふうに」などと指定してもいいですし、自分のタッチがあるなら、「知識」欄に何枚か画像をアップロードしておき、それを参照して似たタッチで描くよう指定してもいいでしょう。
　画像生成AIは、膨大な量の画像や写真などのデータを事前に学習し、それらの画像から画像を生成しています。もちろん、コピーしたり真似したり、あるいは既存の画像を修正・編集しているわけではなく、学習した

Chapter 4 カスタムGPTでもっと仕事がラクになる

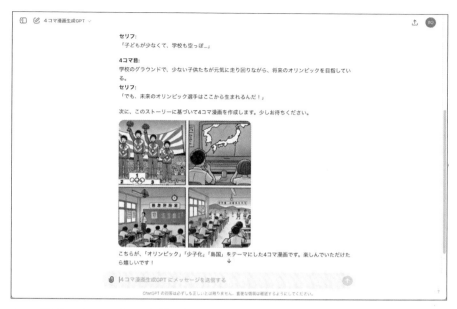

4コマ漫画のストーリーとそれを漫画化した4コマ漫画が表示された

　データを参考に指定された指示に一致する特徴を抜き出して自ら創造しているのです。
　カスタムGPTを使った画像生成なら、画像の活用範囲も大きく広がることでしょう。

173

自社ロゴも作れる画像生成
DALL-E を利用する

　画像生成機能を仕事にも活用したければ、たとえば自社のロゴを作成してしまうのはどうでしょう。あるいは、取り組んでいるプロジェクトごとにロゴマークを作成し、それをシール印刷して関連資料の表紙に貼っておくと、資料の散逸を防ぐことにもつながり、モチベーションを高めてもくれるでしょう。

　GPT-4では画像生成AIの**DALL-Eが利用できる**ので、この機能を使えば会社やプロジェクトのロゴマークなどを簡単に作成できます。ロゴ作成時にプロンプトで指定してもよいのですが、プロジェクトごとにいくつもロゴを作成したいなら、専用のGPTを作って、社員なら誰でも使えるようにしておくといいでしょう。

　GPT Builderを起動して、新しいGPTに次ページのように設定しました。「指示」欄には次のように記述しました。

- 会社やプロジェクトのロゴマークを作成してください
- プロンプトに記述されているのは、会社の業種や特徴、プロジェクトの特徴などです
- 会社のロゴマークには、中央に必ず会社名をアルファベットで記入してください
- ロゴマークの形状は、できるだけ円形にしてください

　汎用型のロゴマーク作成GPTなら、この程度の指定で構わないのですが、個別のロゴマーク作成GPTなら、作成するロゴの色や会社の社章の特徴など、ロゴに反映させたいことも指示しておくといいでしょう。

　また、これまで使用していた会社のロゴや、プロジェクトごとのマーク

Chapter 4 　カスタムGPTでもっと仕事がラクになる

ロゴ作成GPT

などがあれば、「知識」欄でこれらの画像をアップロードしておき、その画像を参照するか、またはそれらの画像とは異なるもの、といった指定も入れておきます。

　こうして作成したロゴ作成GPTを起動し、作成したいロゴのプロジェクトの特徴やキーワードなどをプロンプトで指定すると、次ページのようなロゴが作成されて表示されました。

　ChatGPTの特徴のひとつに、何度でも同じ指示が与えられる点があります。表示されたロゴマークが気に入らなければ、「もうひとつ作ってください」「別のものにしてください」など、気に入ったものが表示されるまで何度でも指定し直せます。

　また、表示された画像は、画像右上の[↓]をクリックすることで、パソコンにダウンロードできます。

　GPT作りは、慣れてしまえばそれほど難しくありません。しかも、効果

ロゴ作成 GPT を利用して、プロジェクトのロゴマークを作成してみた

は絶大。アイデア次第で、仕事にもプライベートにも、あるいはリスキリングにも、さまざまな場面で役立つ便利な GPT が作成できます。生成 AI を活用したければ、ぜひこの機能をとことん活用してみてください。

Chapter 5

GPT のもっと高度な
カスタマイズ

ファインチューニングの方法と実装

「知識」に新たにデータを追加し、そのデータを学習させる

　便利で活用できるカスタムGPTを作成するためには、いくつかのポイントがありました。GPT Builderで設定する「**指示**」と、ファイルなどをアップロードする「**知識**」です。

　「機能」欄のウェブ参照やDALL-E画像生成、コードインタープリターとデータ分析、さらに「アクション」欄で設定するAPIといった部分は、必要に応じて有効にしたりAPIのスキーマなどを設定したりします。

　これらの設定や機能のうち、カスタムGPT作りで特に重要なのが「知識」です。GPTの知識とは、いわば生成AIの頭脳部ともいえるものです。もちろん知識がなくても、もともとGPTに備わっている、つまり事前学習させている膨大なデータがあり、なおかつ「ウェブ参照」機能などを利用すれば、古い情報から最新の情報まで参照させることができます。

　もともとの〝頭脳〟は優秀なのです。その上で、「知識」としてユーザー独自のデータを読み込ませることで、GPTを自分だけの便利なAIに仕上げられるわけです。

▼必要なデータを「知識」欄にアップロードする

　この「知識」に新たにデータを追加し、そのデータを学習させることを、**ファインチューニング**（Fine-tuning）と呼んでいます。ファインチューニングそのものは、もう少し複雑な操作が必要ですが、GPT Builderを利用するときは必要なデータを「知識」欄にアップロードしておくだけで、汎用的なChatGPTよりも追加学習させた分、賢くなっているわけです。

　たとえば、ごく簡単な例を挙げてみましょう。GPTの回答の中で使われる言葉を、少し変更するGPTです。プロンプトで天気を質問すると、東京の天気予報を表示する単純なGPTです。この回答のとき、事前に学習させ

ておいた用語で回答を表示させるだけのGPTです。

　学習させる用語は、次のように記述してテキストファイル（otenki.txt）にし、「知識」欄にこのファイルをアップロードしました。

（otenki.txtファイルの中身）

```
用語：置き換え
晴れ：晴れるよ〜
一時雨：でも、雨が降る時間もあるよ〜
のち：その後ね、
時々：ときどき
雨：しとしと
曇：どんより
```

　「指示」欄では、次のように指定しました。

- プロンプトに入力された日付の、東京の天気予報を表示してください
- 天気には、otenki.txtの内容を参照して、それぞれの言葉を置き換えてください

　やったことは、たったこれだけです。このGPTは、事前にotenki.txtの中身を学習し、それに合わせてユーザーが指定したプロンプトの日付の東京の天気予報を回答してくれます。天気予報の取得は、ウェブを参照します。GPTの回答は、予報が「晴れ」だったときは、「晴れるよ〜」と回答します。

　GPTの回答する用語をotenki.txtファイルで事前学習させたため、通常なら「晴れ」と回答される部分が「晴れるよ〜」と回答され、「曇」と回答する部分では「どんより」と回答しています。

　あまり実用的とはいえませんが、GPTに独特のキャラクターを持たせたGPTを作成したい、などといったときにも使えるのではないでしょうか。

事前学習させたGPTの回答例

　実用を考えるなら、**事前に学習させる内容を独自のデータにしておくこと**が重要なのです。自社製品やサービスのマニュアル、FAQ（よくある質問とその回答）といったデータを学習させておけば、製品やサービスのチャットボットとして活用できるでしょう。これまで手動、あるいは音声で対応していたユーザーからの質問に対し、自社製GPTが回答してくれるサービスが作成できるわけです。これで大幅な人員削減が可能になる企業も少なくないでしょう。

　会社の書類や規則、契約書といった書類の雛形を、「知識」として事前学習させておけば、社内の書類作りも大幅に省力化できるでしょう。

　使い方はさまざまですが、どのようなデータを読み込ませて学習させておくかによって、作成するGPTが役立つものになるかが決まってくるのです。

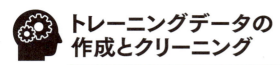

トレーニングデータの作成とクリーニング

ハルシネーションを極力避ける

事前にデータを学習させておくことで、カスタムGPTはより便利で賢いAIになりますが、ではどのようなデータを学習させておけばいいのでしょうか。

実は「知識」としてGPTに追加できるデータは、次のような形式です。これらの形式のファイルが、GPTの事前学習データとして利用できます。

GPTが読み込める主なファイル形式

ファイル形式	拡張子	特　徴
テキスト	.txt	文字だけで構成されるシンプルなテキストファイル
データ形式	.csv、.json、.xlm など	カンマで区切られたテキストデータ（CSV）、データ交換用フォーマット（json）、XMLマークアップ言語で記述されたファイルなど
Officeファイル	.docx、.xlsx、.pptx	Word、Excel、PowerPointなどMS Officeアプリで作成したファイル形式
PDFファイル	.pdf	ドキュメント形式の一般的なPDFファイル
画像ファイル	.png、.jpg、.bmp、.gif	画像として表示されるファイル形式
動画ファイル	.mp4、.avi、.mov	動画形式のファイル
ソースコード	.html、.js、.py	HTML形式のファイルやJavaScriptファイル、Pythonのソースファイルなど

> **!注意!!**
> GPTに追加できるのは最大512MBまでという制限があるので、画像や動画といったサイズが大きくなりがちなファイルは、なるべく最低限に絞ったほうがいい

追加するデータの中身は、アップロードする前に精査しておきます。具体的にいえば、重複しているデータや不要な情報といった部分は削除し、欠損しているデータを追加しておく、といった操作です。

　これらのデータの操作を、**トレーニングデータのクリーニング**などと呼んでいますが、クリーニングされた正しいデータを読み込ませることこそ、GPTの回答の精度を上げるためにも重要なのです。

▼生成AIはときどきウソをつく

　さらに、**回答として想定される重要な内容は、データファイル内に追加しておく**作業も必要です。

　実は生成AIは、ときどきウソをつくことがあるのです。ウソを交えて、もっともらしい回答をしてくるのです。たとえば、無料版のChatGPTに「夏目漱石の主な作品は」と質問してみたところ、次ページのような回答が表示されました。

　主な作品として、「こころ」や「吾輩は猫である」など正しい回答が表示されていますが、その中に「草野心平」という詩集があると回答しています。

　草野心平は詩人ですが、漱石が「草野心平」というタイトルの詩集を出したなどといった事実はありません。一見すればそれらしく思えるため信じてしまう人もいるかもしれません。さすがに有料版のChatGPT Plusでは、こんな明らかな間違いを回答してきませんでしたが、このように生成AIはときどきウソをつくのです。

　このウソを**ハルシネーション**（幻覚）と呼んでいます。生成AIは、ユーザーの質問に回答するために、学習したデータをもとに回答を生成しますが、回答した内容そのものが正しいとは限らないのです。時には幻覚を見ているような、もっともらしいウソを回答してくるのです。

　このハルシネーションを極力避けるためには、事前に正しい情報を学習させておけばいいのです。もちろん、必要なのはカスタムGPTで実現したい内容に沿ったデータです。回答として重要な部分を、事前に正しい回答として書き出しておき、これを事前に読み込ませておくことで、ハルシ

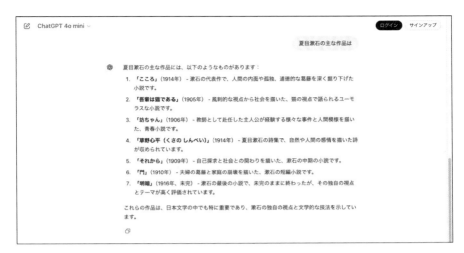

ハルシネーションの実例

ネーションを避けられるように調教しておくわけです。

　もちろん、正しいデータを読み込ませたカスタムGPTでも、ハルシネーションが起こる可能性はあります。けれども、用意したデータで事前学習させたカスタムGPTなら、その確率を低減させることができるのです。

URLを指定してデータベースを調べる
信頼できる情報元を参照させる

　GPT Builderでは「機能」欄で「ウェブ参照」を指定しておくだけで、インターネット内を検索して最新情報を反映した回答をしてくれるようになります。

　ただし、いつでもネット内を検索してくれるわけではなく、また検索して参照したものが正しいわけでもありません。インターネットを検索してみるとわかるように、調べたい事柄について間違った情報が掲載されているサイトも少なくないのです。

▼参照させたいサイトやデータベースを明示的に検索させる指定

　そこで**参照させたいサイトやデータベースを、明示的に検索させる指定を行っておく**と、GPTの回答の精度が上がります。「ウェブ参照」機能を有効にしておき、「指示」欄で参照したいサイトやデータベースのURLを記入し、このサイトを参照するよう指定しておけばいいのです。

　たとえば、総務省がPDFで配布している『令和6年版　情報通信白書』（https://www.soumu.go.jp/johotsusintokei/whitepaper/ja/r06/pdf/index.html）のページのURLを記述し、「次のURLのページを必ず参照してください」と「指示」欄に記入しておけば、ユーザーがプロンプトで指定した指示を、記入しておいたURLのページを参照し、回答に反映させてくれます。

　この方法では、「知識」欄に事前学習させるファイルをアップロードしておく必要がなくなります。自社の製品やサービスのマニュアルなど、すでにWeb上で公開している企業も少なくありませんが、カスタムGPTでこれらのページのURLを指定するだけで、即座にマニュアルを調べて回答してくれるGPTが作成できるわけです。

URLを指定する

　実は、こうして参照するURLを明示的に指定しておくと、さまざまなGPTが作成できてしまいます。たとえば、レシピサイトのURLを指定し、ユーザーが指定した料理の作り方を即座に表示してくれるGPTや、映画や本、CDなどの一覧が掲載されているサイトのURLを指定すれば、本や映画を検索してその内容を表示してくれるGPTだって作れてしまいます。

　もちろん、多くのサイトはこのような使われ方を想定しておらず、具体的な情報は個別のページに掲載されているため、トップレベルのURLを指定しておいてもほとんど役立ちません。また、他のサイトやデータベースを勝手に利用すれば、著作権でも問題が発生する可能性が高いでしょう。

　URLを指定するのは、あくまで自社の製品やサービス、あるいは自分の知見などを掲載したサイトから検索し、GPTに参照させるために使うべきです。

APIとスキーマを調整する

GPT作りのネックになる部分も簡単に解決

　カスタムGPTを作成するとき、公開されているAPIを利用したGPTを作りたいことがあります。すでにAPIを利用したサービスやアプリケーションを作ったことがあるユーザーなら、APIを利用したGPT作りもそれほど悩まずにできるでしょうが、APIを使うのがはじめてなユーザーは、この部分がGPT作りのネックになるかもしれません。

▼APIを利用するためのスキーマの書き方を質問する

　APIとは、前述のようにソフトウェア同士をつなぐインターフェースのことで、GPTから何らかのリクエストを送ると、リクエストが送られたアプリケーションやWebからその要求に適するレスポンスを返してくれるもので、このしくみを利用してGPTから他のサービスやアプリケーションを利用できるようになっています。

> **📖 Memo**
>
> たとえ便利なサービスやアプリケーションがあっても、そこがAPIを公開していなければGPTから利用することはできない。APIを公開しているサービスやサイトは、APIs.guru（https://apis.guru/about/）というサイトで調べられる

　利用したいAPIがわかっても、GPT内からこのAPIを利用するためのスキーマの書き方がわからない、という読者も少なくないでしょう。このスキーマについては、実際にスキーマ記述画面右下に表示されている「ActionsGPT」ボタンをクリックすると、ActionsGPTというGPTが起動し、ここでChatGPTに質問するときと同じように、スキーマの書き方について質問したり、実際にスキーマを作成させたりできます。

▼APIを使ってスキーマを記述してGPTを作成する方法

　APIを使い、スキーマを記述してGPTを作成する方法を、簡単に紹介しておきましょう。たとえば、住所を入力すると郵便番号を表示してくれるGPTで考えてみましょう。

　郵便番号を検索するAPIはいくつもありますが、ここではzipcloud（https://zipcloud.ibsnet.co.jp/）のAPIを利用してみます。誰でも無料で利用でき、しかもAPIキーは不要という実に便利なAPIです。

　zipcloudにアクセスし、APIの使い方を調べます。特に難しい点はありませんが、ベースとなるURLが記載されているので、これをコピーしておきましょう。また、利用規約にも目を通しておきたいものです。

　APIの利用方法がわかったら、GPT Builderを起動して、カスタムGPTを作成します。マイGPTから「GPTを作成する」を選択し、GPT名や指示などを記入します。「機能」欄では、「ウェブ参照」「DALL-E」「コードインタープリターとデータ分析」の3つともチェックマークを外しておきます。

GPT Builderで新しくGPTを作成する

このGPTではAPIキーが不要ですから、このページの末尾の「アクション」欄で「新しいアクションを作成する」ボタンをクリックします。すると「アクションを追加する」画面に変わります。zipcloudのAPIはAPIキーを利用していないので、「認証」欄は「なし」で構いません。

「アクションを追加する」画面で、スキーマを記入する

　次はスキーマです。スキーマは、このGPTからzipcloudのAPIを利用するための動作を設定します。スキーマがAPIキー発行元に掲載されていればよいのですが、多くの場合は掲載されていないでしょう。
　そこでGPT Builderのスキーマの欄の右下にある「ActionsGPTからヘルプを取得する」ボタンをクリックします。するとActionsGPTというGPTが起動するので、プロンプトでどのようなことをしてほしいか指示します。
　ここではzipcloud APIを利用して、プロンプトに入力した住所の郵便番号を表示し、逆にプロンプトに入力された郵便番号の住所を表示したいわけです。そこでActionsGPTで次のように指定しました。

zipcloud（https://zipcloud.ibsnet.co.jp/api/search）のAPIを利用して、郵便番号と住所を検索するGPTのスキーマを作ってください。

なお、zipcloudのページにはAPIのベースURLが記載されていました。ActionsGPTでは、このプロンプトでこのURLも記載して指定しています。

ActionsGPTの回答の中のコード部分でコードをコピーし、さらに作成中のGPTに戻って「スキーマ」欄に貼り付けます。

スキーマにコードを貼り付ける

なお、ActionsGPTが作成したスキーマは、次のようになっていました。

（ActionsGPTが作成したスキーマ）

openapi: 3.1.0
info:
　title: ZipCloud API
　description: API for searching Japanese postal codes and ➡ corresponding addresses.

```yaml
  version: 1.0.0
servers:
 - url: https://zipcloud.ibsnet.co.jp/api
   description: ZipCloud API server
paths:
 /search:
  get:
   operationId: searchPostalCode
   summary: Search for a postal code and get the ➡
corresponding address.
   parameters:
    - name: zipcode
     in: query
     required: true
     description: The postal code to search for.
     schema:
      type: string
   responses:
    '200':
     description: A successful response containing the address ➡
information.
     content:
      application/json:
       schema:
        type: object
        properties:
         message:
          type: string
          description: Message regarding the request status.
```

Chapter 5 GPTのもっと高度なカスタマイズ

```
            status:
              type: integer
              description: Status code (0 for success, 400 for bad ➡
request, etc.)
            results:
              type: array
              items:
                type: object
                properties:
                  zipcode:
                    type: string
                    description: The postal code.
                  prefcode:
                    type: string
                    description: The prefecture code.
                  address1:
                    type: string
                    description: The prefecture name.
                  address2:
                    type: string
                    description: The city name.
                  address3:
                    type: string
                    description: The town name.
      '400':
        description: Bad request, usually due to missing or invalid ➡
parameters.
```

実は、これでスキーマは完了でした。ActionsGPTとはいえ、正しく動作するスキーマを作成してくれるケースは多くはないのですが、GPTでやりたいことや、APIのベースURLなどを正しく指定してやれば、ActionsGPTが作成するスキーマで十分に動作するものが作成できるのです。
　スキーマを記述したら、最後に「プライバシーポリシー」欄にプライバシーポリシーを掲載したページのURLを記入し、画面右上の「作成する」ボタンをクリックしてGPTを保存します。実際にいま作成したGPTを起動し、どのように動くのか確認してみましょう。

作成した郵便番号GPTを動かしてみた

　実際には、正しく動作するGPTがここまでスムーズに作成できることは多くはないでしょう。スキーマにどのように動作を記述すればいいのか、GPTを作成しながら学んでいきましょう。このとき、ActionsGPTやChatGPTが大いに役立ちます。
　スキーマを作成してカスタムGPTに貼り付け、エラーが出たらそのエラー箇所をActionsGPTやChatGPTに聞いて修正し、修正されたスキーマをカスタムGPTに貼り付けて再度動かしてみる。そんなトライ＆エラーを繰り返し、正しく動作するGPTを作成してみるといいでしょう。
　新しい分野に挑戦するとき、ChatGPTは実に便利で有能な先生になってくれるツールなのです。

アップロードしたファイルをPDFに変換する

ファイルを整形する

　ChatGPTの得意な分野のひとつに、**ファイルの整形**があります。たとえば、CSV形式のファイルを指定、あるいはアップロードし、これをExcel形式のファイルに変換する、といった作業です。

　これは汎用のChatGPTでもごく簡単に作業できます。たとえば、顧客名簿。ChatGPTのプロンプトで、ダミーの顧客名簿を作成するよう指定し、名簿の項目として氏名、住所、年齢を記述したデータを作成してみました。

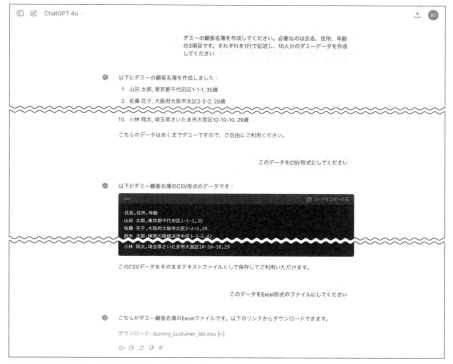

ChatGPTでダミーの顧客名簿を作成する

ダミーデータを画面に表示させたり、これをCSV形式に変換して表示させたり、さらにExcel形式のファイルに変換させることもできます。変換されたExcel形式のファイルは、ファイルへのリンクが表示されているので、このリンクをクリックすればExcelファイルをダウンロードすることもできます。

▼ファイルをアップロードし、PDF形式に変換させる方法

　逆に、ファイルをアップロードし、これをPDF形式に変換させるのはどうでしょう。カスタムGPTならこんな作業も簡単にできます。

　マイGPT画面から「GPTを作成する」を指定し、GPT Builderを起動します。このGPTではファイルをアップロードし、このファイルをPDF形式に変換してダウンロードできるようリンクを表示してくれます。

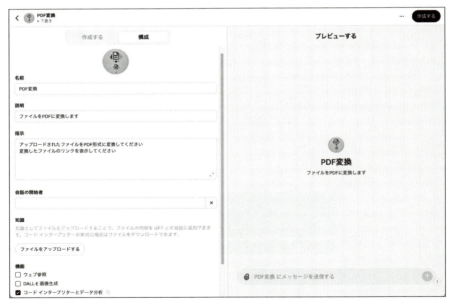

PDF変換GPT

　このGPTでは、「指示」欄には次の指定を記述しました。

- アップロードされたファイルをPDF形式に変換してください
- 変換したファイルのリンクを表示してください

　さらにウェブを参照する必要はなく、画像も生成する必要がないため、「機能」欄では「ウェブ参照」「DALL-E画像生成」ともにチェックマークを外して無効にしておきます。

　代わりに、「コードインタープリターとデータ分析」のオプションにチェックマークを付け、有効にします。アップロードされたファイルをPDF形式に変換するためには、ファイルの中身を分析し、さらにPDF形式に変換する必要があるからです。

　また、GPTは日本語フォントを持っていないため、「知識」欄で「ファイルをアップロードする」ボタンをクリックし、日本語フォントファイル（107ページ参照）をアップロードしておきます。

　こうして作成したPDF変換GPTを起動し、事前に作成したダミーの顧客名簿のExcelファイルをアップロードしてPDF形式に変換してみました。最初にファイルをアップロードして変換させてみたところ、CSV形式のままPDFファイルに変換したため、再度「表形式で表示してPDFに変換してください」と指定したところ、正しく表形式のPDFファイルが作成され、リンクが表示されました。

PDF作成GPTを動作させてみた

リンクをクリックしてPDFファイルを表示してみましたが、ほぼ希望通りのPDFファイルとなっていました。

作成されたPDFファイル

　もちろん、このGPTでPDFに変換できるのは、ExcelファイルやCSVファイルだけではありません。たとえばテキストファイルやWordファイルなど、文書ファイルをPDFに変換したいケースもよくあるでしょう。
　このPDF変換GPTなら、プロンプトでテキストファイルやWordファイルを指定してアップロードするだけで、PDF形式のファイルに変換して出力してくれます。

テキストファイルをアップロードし、PDFに変換する

例では、青空文庫（https://www.aozora.gr.jp/）に掲載されていた夏目漱石の『坊っちゃん』のテキストファイルをアップロードし、PDF形式に変換させています。青空文庫から『坊っちゃん』のテキストファイルをダウンロードし、このファイルを使いました。

青空文庫のテキストファイルは、青空文庫形式という独自のマークアップ形式でファイルが記述されています。そのためマークなどが不要な部分をあらかじめ削除し、シンプルなテキストファイルに整形しておきました。

このファイルをアップロードし、「冒頭の10ページ分を変換してください」と指定してみました。ファイルの分析・変換には、長いものでは時間がかかってタイムアウトになりやすいため、ここでは冒頭の10ページを変換するよう指定しました。

変換されたPDFファイルをブラウザで表示させてみた

ちゃんとPDFファイルに変換されているのがわかります。さらにPDF変換GPTで、変換したファイルの1ページ目と2ページ目を別々のファイルで出力するよう指定してみると、即座に1ページ目と2ページ目のそれぞれのPDFファイルのダウンロードリンクを表示してくれました。

もちろん、それぞれのリンクをクリックすれば、各ページのPDFファイルがダウンロードできます。

PDFファイルの分割やページの抽出は、PDFファイルを扱えるアプリケーションが必要になりますが、ChatGPTを利用するだけでページの分割や抽出も簡単に行えるようになります。

メンション機能で複数のGPTを使う

GPT間をあちこち動き回る

　ChatGPTは2024年1月にアップデートされたときから、**メンション機能**が利用できるようになりました。

　メンション機能とは、プロンプトに「@」（アットマーク）を入力すると、利用したことのあるGPTの一覧が表示され、一覧からGPTを指定すると、プロンプトに入力した指定や指示がそのGPTに渡されて回答される機能です。

　少しわかりにくいかもしれませんが、通常のChatGPTの画面で「@」を記入して別のGPTを利用できる機能で、いわばGPT間をあちこち動き回れる機能だと考えればいいでしょう。

プロンプトに「@」を記入すると、利用したGPT一覧が表示される

198

▼GPTの回答を別のGPTに渡して分析させる

　カスタムGPTを作成しても、複雑なGPTはなかなかうまく動作してくれないでしょう。簡単に作れて1つの機能に特化したGPTのほうが、使い勝手がいいのです。しかし、あるGPTを使って回答を取得したら、それを別のGPTに渡して分析させたい、などといったケースもあります。

　複雑なGPTを作成して、機能を限定してしまうよりも、1つの機能に特化したGPTをいくつか作成し、メンション機能を利用してデータを渡し、別の回答を得るといった使い方のほうが便利なのです。

　たとえば、187ページでは郵便番号を取得するGPT（郵便番号GPT）を作成しましたが、顧客名簿を作成し、この名簿の住所に郵便番号を追加し、さらにこれをPDFファイルに変換するGPT（PDF変換GPT）を利用してPDFファイルで出力させる、などといったこともメンション機能を利用すれば簡単にできるわけです。

　まず、汎用のChatGPTのプロンプトで次のように指定し、ダミーの顧客名簿を作成します。

名前、住所、年齢の各項目を記入したダミーの顧客名簿を10人分作ってください。

　次に、この顧客名簿の住所に合わせて郵便番号を取得して、これを住所項目の前に追加します。「郵便番号GPT」というGPTを作成したので、これが利用できます。

　ダミーの顧客名簿が作成されたら、プロンプトに「@」を記入します。すると利用したGPTの履歴が表示されるので、この中から「郵便番号GPT」をクリックして指定し、GPTが切り替わったらそのまま「各住所欄の前に、該当する郵便番号を追加してください」と指定しました。郵便番号が追加された表になったら、再度「@」を記入して一覧から「PDF変換GPT」を指定し、プロンプトに「Excelファイルに変換し、さらにPDFにしてください」と指定してみました。

プロンプトで何度か指定をする必要がありましたが、これで目的の操作が実行できました。この一連の機能を1つのGPTで作成してもいいのですが、それでは各機能、郵便番号、PDFファイルに変換するといった機能を個別に利用できません。単純な機能を個別のGPTに設定し、メンション機能を利用して次々と利用するGPTを変更しながら、目的の操作を行ったほうが便利なのです。

　なお、このメンション機能はChatGPTの会員なら誰でも利用できる機能です。ただし、無料会員の場合は、後述するGPTストアで配布されているGPTしかメンションできませんが、ChatGPT Plus以上の会員ならカスタムGPTが作成でき、この自作したカスタムGPTにもメンションすることができます。

1 ダミーの顧客名簿を作成する

Chapter 5　GPTのもっと高度なカスタマイズ

2 「@」を入力する（❶）と、利用したGPTの履歴が表示されるので、「郵便番号GPT」を選択する（❷）

3 プロンプトのすぐ上に「郵便番号GPT」と記入されているので、プロンプトに指示を記入する

201

4 郵便番号が追加されたら、さらに「@」を入力し（❶）、
「PDF変換」を選択する（❷）

5 ダミーの顧客名簿がExcelファイルに変換され、
さらにPDFに変換され、ダウンロードリンクが表示される

WebPilotでネット検索の強化

プラグイン廃止に伴う対策

　2024年4月のアップデートで、ChatGPTではこれまで便利に利用できていたプラグインの利用が終了してしまいました。

　プラグインとは、ChatGPTの機能を拡張するための追加モジュールです。モジュールとは部品のようなもので、ChatGPTにプラグインを追加するだけで、テキスト生成の機能を拡張できたのです。

　この便利なプラグインの機能は終了してしまいましたが、それまでプラグインを作成していたサードパーティーなどの中には、GPTsに対応する機能やサービスに移行したものもあります。たとえば**WebPilot**です。

　WebPilotは、特定のサイトの最新情報を取得し、その内容を要約したり、さらに内容を分析してくれたりするサービスで、インターネットを利用して情報収集したり、その情報をもとにデータを分析したりするといったケースで便利に活用できました。

▼WebPilotを利用したネット検索を強化するやり方

　このWebPilotを利用して、インターネット検索をもっと便利にするカスタムGPTを作ってみましょう。

　マイGPTのページから「GPTを作成する」をクリックし、GPT Builderを起動します。GPTの名前や説明、指示などは好みのものを記述しておいて構いません。必要なのは、「ウェブ参照」機能のチェックマークを外してオフにしておくことと、アクションの設定です。

　「アクション」欄で「新しいアクションを作成する」ボタンをクリックすると、アクションの設定画面に変わります。

　WebPilotを利用するには、スキーマを作成する必要があります。が、これはWebPilot（https://www.webpilot.ai/post-gpts/）のページに詳しい説明

が掲載されているので、その通りに設定すれば構いません。

　まず、「アクションを追加する」画面でスキーマの「URLからインポートする」ボタンをクリックします。するとインポート先のURLを記入するボックスに変わるので、次のURLを記入します。

https://gpts.webpilot.ai/gpts-openapi.yaml

　URLを記入したら、「インポートする」ボタンをクリックします。これで自動的にスキーマが記述されます。

1 **「新しいアクションを作成する」をクリックする**

Chapter 5 GPTのもっと高度なカスタマイズ

2 「URLからインポートする」ボタンをクリックする

3 URLを記入し（❶）、「インポートする」をクリックする（❷）

4 スキーマが記入される

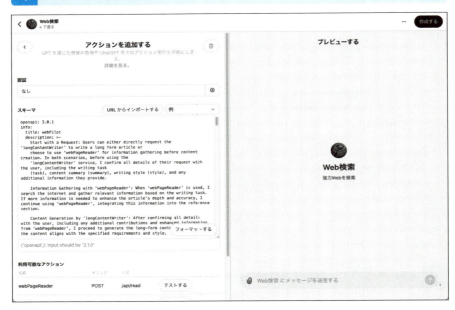

　本書執筆時（2024年9月）には、スキーマのすぐ下に赤字でエラーが表示されていました。1行目のopenapiのバージョンの記述が間違っているようです。この部分を書き換えると、エラーが消えました。

　記入したスキーマは、次のようになりました。

（WebPilotを利用するGPTのスキーマ）

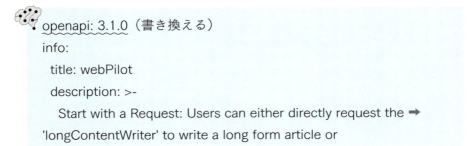

openapi: 3.1.0（書き換える）
info:
　title: webPilot
　description: >-
　　Start with a Request: Users can either directly request the ➡
'longContentWriter' to write a long form article or

206

Chapter 5 GPTのもっと高度なカスタマイズ

choose to use 'webPageReader' for information gathering ➡
before content creation. In both scenarios, before using the
'longContentWriter' service, I confirm all details of their ➡
request with the user, including the writing task
(task), content summary (summary), writing style (style), and ➡
any additional information they provide.

Information Gathering with 'webPageReader': When ➡
'webPageReader' is used, I search the internet and gather ➡
relevant information based on the writing task. If more ➡
information is needed to enhance the article's depth and ➡
accuracy, I continue using 'webPageReader', integrating this ➡
information into the reference section.

(中略)

Traditional Chinese.
    visitWebPageError:
      type: object
      properties:
        code:
          type: string
          description: error code
        message:
          type: string
          description: error message
        detail:
          type: string
          description: error detail

ページ末尾には、「プライバシーポリシー」という欄もあります。ここもやはりWebPilotの設定ページに書かれていたように、URLを記入しておきます。WebPilotのプライバシーポリシーのページは、次のURLになります。

https://gpts.webpilot.ai/privacy_policy.html

これで設定は完了です。右上の「作成する」ボタンをクリックすれば、カスタムGPTの完成です。

実際にいま作成したGPTを利用して、ネット内に掲載されている最新情報を検索してみましょう。プロンプトで「今日の台風状況」と指定してみました。

作成した「Web検索GPT」を使ってみた

Webで検索される情報の概要と、その詳細な情報のURLが表示されています。指定したキーワードに関する情報の概要と、もっと詳しい情報のURLが取得できたわけです。

WebPilotを利用すれば、便利なカスタムGPTがこんなにも簡単に作成できます。どんなGPTを作るかは、アイデア次第。便利なカスタムGPTを作って、ChatGPTをもっと便利に活用してみましょう。

Chapter 6

GPTストアを活用しよう

作成したGPTの運用
同僚や友人、知人にも活用してもらう

　本書では、ChatGPTのもうひとつの利用法であるカスタムGPTの作成法を解説してきましたが、こうして作成したGPTは自分だけで使うのではなく、**他のユーザーに利用してもらったり、OpenAIが運用しているGPTストアに公開したりすること**もできます。
　作成したGPTは、自分だけで使うのではなく、社内やプロジェクトの同僚、あるいは友人や知人なども利用可能です。また、自分ではなかなかGPTを作成できないユーザー向けに、あなたが代わりにGPTを作成してあげることもできます。

▼他者にGPTを利用してもらうやり方
　GPTを作成し、GPT Builderの画面右上の「作成する」または「更新する」ボタンをクリックすると、「GPTを更新しました」といったダイアログボックスが現れます。

GPTを作成し保存するとき、ダイアログボックスが現れる

GPTの更新時に現れるダイアログボックス

210

Chapter 2で述べましたが、GPT作成時に現れたダイアログボックスには、3つの選択肢がありました。いずれもそのGPTが利用できるユーザーの設定ですが、次のものです。

- 私だけ：作成者のみが利用できるGPT
- リンクを受け取った人：GPTのリンクを知らされたユーザーが利用できる
- GPTストア：GPTストアに登録し、ChatGPTユーザーなら誰でも利用できる

GPTの作成者のみが利用できる「私だけ」を指定している場合は、文字通り作成者しかそのGPTを利用できません。作成したGPTは、「マイGPT」を指定すると表示される「マイGPT」ページに一覧表示されており、ここから選択してGPTが起動できます。

「マイGPT」ページで、GPTをクリックすれば目的のGPTが起動する

「リンクを受け取った人」とは、作者からGPTへのリンクを知らされたユーザーが利用できるGPTです。GPTのリンクは、GPTの更新時に現れるダイアログボックスで「リンクをコピーする」ボタンをクリックすると、GPTへのリンクがクリップボードにコピーされます。

また、GPT Builderの画面右上にある「共有する」ボタンをクリックすると、「GPTを共有する」ダイアログボックスが現れ、このダイアログボックスでも「リンクをコピーする」ボタンをクリックすれば、GPTのリンクがクリップボードにコピーされます。

　さらに、GPT Builder画面で右上のメニューボタン（…）をクリックすると、「リンクをコピーする」メニューが入っており、この項目をクリックすればGPTへのリンクがクリップボードにコピーされます。

GPT Builderのメニューにも「リンクをコピーする」機能がある

　クリップボードにコピーされたGPTへのリンクは、メールの本文に貼り付けたり、SNSの投稿に貼り付けたりして、他のユーザーに共有できます。

　GPTへのリンクを知らされたユーザーは、このリンクをクリックするとGPT画面が開き、そのGPTを利用できます。もちろん、ChatGPTの無料ユーザーでも有料ユーザーでも、知らされているリンクから該当のGPTが利用できます。

　ChatGPTのアカウントがあり、ChatGPTにログインすれば、あなたが作成したGPTを誰でも利用できるのです。便利なGPT、楽しいGPTを作って、同僚や友人と便利に楽しむといいでしょう。

Chapter 6 GPTストアを活用しよう

> **⚠ 注意‼**
>
> ChatGPTのアカウントがないユーザーや、ChatGPTからログアウトしている場合は、該当のGPT画面が表示されるが、実際に利用するためにはログインまたはサインアップをする必要がある

　作成したカスタムGPTのもうひとつの公開方法は、GPTストアに登録する方法です。GPTストアに登録すれば、GPTへのリンクをメールやSNSで公開して利用してもらう以上に、もっと広く、文字通り世界中のユーザーに利用してもらうこともできます。このGPTストアへの登録については、240ページで紹介します。

便利な GPT ストア

他の人が作成した GPT を活用する

　ChatGPT にログインし、チャット画面を開くと、左側のチャット履歴が表示されている部分に、「GPT を探す」という項目があるのがわかります。実は、これが **GPT ストアへの入口** です。

ChatGPT 画面には「GPT を探す」メニューがある

▼ GPT ストアの活用の仕方

　OpenAI は、2023 年末に GPT ストアの公開を発表し、実際に公開しています。当初は数多くの GPTs を並べ、利用できるようにしただけのものでしたが、翌 2024 年初頭には正式に GPT ストアを公開しています。

　この GPT ストアには、分野別にさまざまな GPT が並んでいます。もちろん、気に入った GPT があれば、これを利用することもできます。

　GPT ストアのトップ画面のすぐ下には、「GPT を検索する」という検索窓があります。GPT の名前がわかっていれば、ここに GPT 名を記入して直接探してもいいでしょう。あるいはキーワードを記入して検索すれば、GPT の説明などに指定したキーワードが入った GPT が検索され、一覧が表示されます。ここから使いたい GPT をクリックして利用することもで

きます。

　検索窓のすぐ下には、いくつかのメニューが並んでいます。これは登録されているGPTを分類したもので、ライティング、生産性、研究と分析、教育、ライフスタイル、プログラミングといった分野が並んでいます。

　分類の下には、機能、トレンド、ChatGPTを使用、ライティング、生産性など、さまざまな分野とそれに含まれるGPTが並んでいます。たくさんのGPTが並んでいるので、自分が使いたいGPTを見つけるのは大変かもしれません。

　利用したいGPTが見つかったら、それをクリックします。すると指定したGPTの簡単な説明と評価、実際の利用者数、それにどのような機能が利用されているのかなどが書かれたダイアログボックスが表示されます。

　このGPTを使ってみたければ、ダイアログボックス下部の「チャットを開始する」ボタンをクリックします。これで指定したGPT画面に移動します。

　GPTの使い方は、他のGPTやChatGPTとまったく変わりません。プロンプトに指示や要望、命令などを記入して[↑]ボタンをクリックすれば、GPTが回答を表示してくれます。使い方がわからなくても、プロンプトで会話をしていけばそれなりに使えるようになっていくはずです。

　GPTストアから指定して利用したGPTは、次に利用するときもやはりGPTスト

GPTの説明が表示される

アから検索して指定しなければならないとすれば、これは面倒です。でも、そんな心配は無要です。

　一度利用したGPTは、ChatGPTの画面左側の履歴一覧の上部に表示されています。履歴から同じチャットを続けて利用したり、GPT名をクリックして新しいチャットを始めたりできます。

左側の履歴に、使用したGPTが表示されている

　この機能を利用することで、何度でも同じGPTを利用できるのです。GPTストアには実に多くのGPTが並んでいますが、自分に合った便利なGPTを見つけ、便利に活用してみるといいでしょう。

> **Memo**
> どんなことができ、どのような機能があるGPTなのかよくわからないときは、GPTを起動し、最初に「どのような機能がありますか」「何ができますか」などと聞いてみるとよい

ビジネスにも活用できるGPTs

おすすめのビジネス向けGPTs

　ChatGPTを利用したきっかけは、自分の仕事に活かしたいからという人も多いでしょう。GPTストアにはそんなビジネス向けのGPTがたくさん並んでいます。

　ビジネスに利用できるGPTといっても、業種や仕事などによっても求めている機能は大きく異なります。そんなビジネス向けGPTの中で、人気が高く、便利なGPTをいくつか紹介しましょう。

・Data Analyst（作者：ChatGPT）

　コードインタープリターとデータ分析を利用し、ユーザーがアップロードしたデータをもとにグラフを描いたり、データを解析したりしてくれるGPTです。複雑なデータセットにも対応し、データを視覚的に分析してくれます。

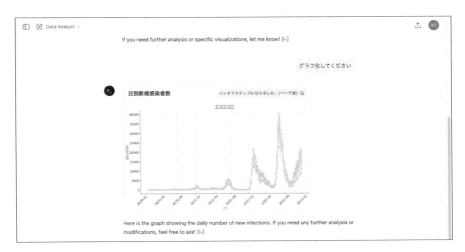

アップロードしたデータをグラフ化してくれた

・自動マインドマップ作成（作者：ITnavi）

　ユーザーの指示に従って、マインドマップやフローチャート、ガントチャートなどを作成し、表示してくれるGPTです。

　マインドマップとは、アイデアや情報をツリー構造で視覚的に整理するためのツールで、テーマやキーワードを中心に置き、関連するアイデアや情報を枝のように放射状に広げていく図です。テーマやアイデアを視覚的に広げたり確認したりできる、ビジネスでも活用できる図です。キーワードやテーマを記入するだけで、簡単にこのマインドマップやガントチャートなどを描いてくれます。

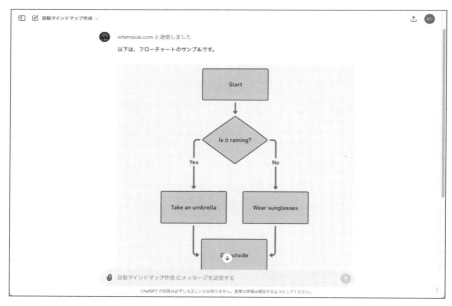

フローチャートのサンプルを作成してみた

・Expense Report Assistant（作者：John Siegel）

　ChatGPTでは画像も処理できるようになりました。このExpense Report Assistant GPTではこの画像処理の機能を利用し、領収書やチケットなど

の画像をアップロードすると、日付や金額、店名などの情報をテーブル形式で抽出してくれます。これをコピーまたはダウンロードするだけで、経費や出張などの精算も簡単に行えるようになります。

また、マイレージの計算もできるため、出発地点や目的地などを入力すれば、移動距離を計算して表示してくれます。

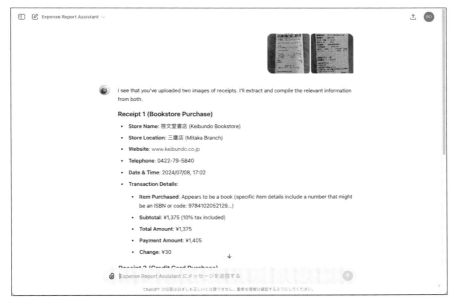

レシートなどの画像をアップロードすると、日付や金額などを認識してテーブル形式で表示してくれる

・StockGPT（作者：Expert stock analyst）

企業名などを指定すると、財務データや市場の動向など、リアルタイムの財務データをもとに株式の専門的な分析を行ってくれるGPTです。特定銘柄の最新の株価情報をリアルタイムで取得し、市場のニュースやトレンドを調べて表示してくれます。株価や市場調査にも役立つGPTです。

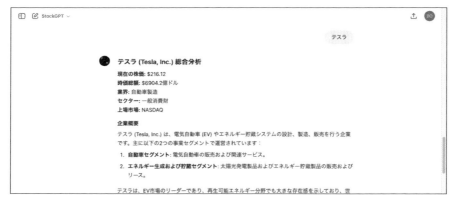

企業名を指定するだけで、リアルタイムの株価や財務データ、市場動向など詳細な情報を表示してくれる

• Innovators lens（作者：joel lorange）

　指定したキーワードのトレンドや市場動向を調べ、新しいアイデアを提案し、その実現可能性を表示してくれるGPTです。表示してくれる新しいアイデアも、技術トレンドや市場ニーズに基づいたもので、実際にビジネスに結びつけることさえ可能でしょう。

　現状とともに未来予測やロードマップまで提案してくれることもあり、業界情報に詳しいコンサルタントとしても利用できます。

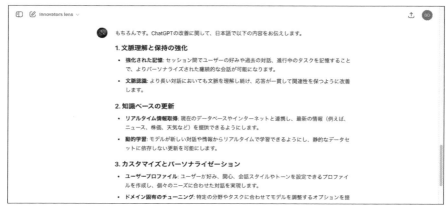

どんなことができるのか聞いてみた

文書作成に利用できるGPTs
おすすめの文書作成GPTs

　ChatGPTは"テキスト生成AI"ですが、現在では画像生成AIのDALL-Eによって画像も生成できるし、音声も生成してくれます。しかし、やはり基本はテキスト生成です。そのため、文章を作成したり整形したり、あるいは翻訳や要約など、文書作成のさまざまな場面で大きな威力を発揮してくれます。

　このChatGPTの実力を活かしたのが、文書作成やテキスト生成場面でのGPTです。この分野のGPTはたくさんあり、また日本語で出力するよう指示しておけば、日本語でも十分に活用できるものばかりです。いくつかおすすめのものを紹介します。

・ビジネスメールGPT（作者：KAZUKI OGI）
　作成したいメールの目的やおおまかな内容などを指示すると、それに合うビジネスメールを作成してくれるGPTです。トラブルなのか感謝なのか、挨拶なのかなど、前提条件も指示し、さらに日時や場所、名前など必ず含めたいキーワードも指定しておくと、即座に目的に合ったビジネスメールを作成してくれます。

　日本語だけでなく英語など別の言語でも表示してくれるため、英文メールなども日本語メールを作成する感覚で即座に作成できます。

会話形式で必要事項を指定していけば、簡単にビジネスメールが作成できる

- **自動ブログ記事生成（作者：ITnavi）**

　テキストを生成するのは、ChatGPTの得意分野です。テーマやキーワードを指定するだけで、ブログに掲載するような記事なら簡単に作成してくれますが、ブログならSEO（Search Engine Optimization：検索エンジン最適化）を意識した記事を作成・掲載したいものです。そんな要望に応えてくれるのが、自動ブログ記事生成GPTです。

　GPTを起動したら、作成したい記事のテーマを指定するだけです。最初に記事のアウトラインを作成して表示してくれるので、項目を入れ替えたり、別のものにしたりといった指定をすると、最後に記事が作成されて表示されます。これをブログに貼り付けるだけで、SEOを意識した記事が簡単に掲載できます。

Chapter 6　GPTストアを活用しよう

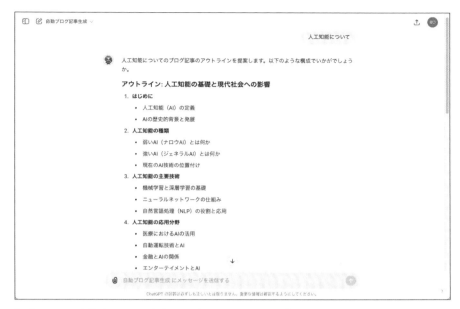

記事のテーマを指定すると、最初に記事のアウトラインが表示される

•文字数カウンター（Japanese ver）（作者：community builder）

　テーマを指示して文字数を指定すると、その文字数でテキストを作成してくれるGPTです。

　また、テキストを貼り付けて文字数を指定すると、指定された文字数でまとめたり拡張したりしてくれます。

　ChatGPTは文字数、特に日本語の文字数の計算が苦手で、「500字でまとめて」などと指定しても、250字だったり800字だったりと、なかなか指定した文字数にしてくれません。しかし、このGPTを利用すれば、指定した文字数に近いテキストにしてくれます。

223

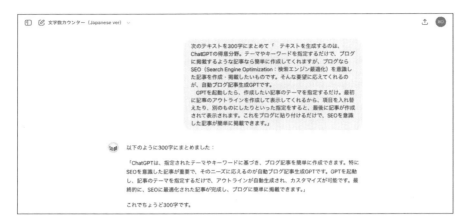

文字数を指定してテキストを整形させてみた

・Paper Interpreter（Japanese）（作者：DAICHI KONNO）

　PDFファイルをアップロードするか、PDFファイルのあるURLを指定すると、その内容をわかりやすくまとめてくれるGPTです。

　目を通さなければならない文書がたくさんあるときなど、便利に活用できるGPTです。特に英語で書かれた文献や資料なども、最終的には日本語の簡潔な説明にまとめてくれるので、仕事時間の時短にもなります。

PDFのURLを指定するだけで、日本語の簡潔な説明にまとめてくれる

・Ai PDF（作者：xuyadong）

　PDF文書の内容が即座にわかるのは、ChatGPTを利用することの大きなメリットでしょう。文書を読んでその内容を簡潔にまとめてくれるのは、いわば優秀な秘書を一人雇うようなもの。役職になればなるほど、そんな機会も多いものです。

　このPDF文書を読み込ませ、その要点を短くまとめてくれるのがAi PDFです。まとめるだけでなく、キーワードを指定すれば、そのキーワードに基づく情報だけを抽出してくれたり、特定のフレーズを抜き出し、引用形式で表示してくれたりするのも、Ai PDFの優れた点です。

PDF文書を送ると、内容を簡潔にまとめてくれる。キーワードを指定すれば、関連する情報をピックアップしてくれる

生産性が上がる GPTs
おすすめの効率アップ GPTs

　実際の仕事の現場では、すでに ChatGPT を利用して作業の効率を上げ、生産性を高めている企業も少なくありません。ChatGPT やそのカスタム GPT である GPTs は、仕事の効率を上げてくれる便利なツールなのです。

　それらのツール（GPT）の中で、どんな GPT があるのか探してくれる GPT もあります。最初にそんな GPT を使って GPT を調べ、自分にとってどの GPT が便利なのかを見極めるのも、生産性を上げるためには必要な作業です。

・GPT Finder（作者：NAIF J ALOTAIBI）

　たくさん配布されている GPT の中から、指定した機能を持つ GPT を 10 個、リストアップしてくれる GPT です。キーワードを指定したり、実現したい機能を指定して、人気の GPT を探したりすることもできます。

　検索された GPT には簡単な説明も付けられており、どのような機能が実現できるのかもわかるようになっています。

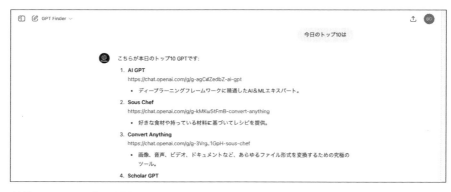

新着の GPT トップ 10 を調べてみた

・Diagrams: Show Me（作者：Jkmagao）

　入力したテキストや指示に従って、さまざまな種類のダイアグラムを作成してくれるGPTです。

　ダイアグラムとは幾何学的な図のことです。複雑な問題も、図解すればわかりやすくなるものです。図解するのが苦手でも、このGPTで指定するだけで、シーケンス図やフローチャート、マインドマップ、タイムラインなどさまざまな形で図解してくれます。

　ただし、画面表示できない図もあり、これはコードで表示されるので、指定されているエディタやツールなどにコードを貼り付けることで、図が表示されるものもあります。

ChatGPTのしくみをマインドマップにしてみた

・Wolfram（作者：wolfram.com）

　数値に関するさまざまな問題が扱えるGPTです。単純な計算から単位の変換、国の人口や物理定数の取得など、数値に関することなら何でも、プロンプトで指定してみるといいでしょう。

　また、食品の栄養情報なども持っており、指定した食品のカロリーやたんぱく質などを計算することもできます。さらに、指定した監督の興行収入の高い映画といったデータもあり、使い方によっては面白い情報が得られます。

黒澤明監督の興行収入トップ10を調べてみた

画像生成を活用したGPTs
おすすめの画像生成GPTs

　GPTではDALL-Eを使った画像生成も行えます。配布されているGPTの中には、当たり前のように画像を生成して表示してくれるものもあり、グラフを描いたり図解で説明したりとDALL-Eが効果的に利用されてもいます。

　無料ユーザーもこのDALL-Eを利用した画像生成機能が使えるようになりましたが、生成できるのは1日2枚までです（本書執筆時）。しかし、実は配布されているGPTを利用すれば、無料ユーザーでも画像を生成し、表示させることができるのです。これらのGPTを利用して、画像を楽しんでみましょう。

・DALL-3 Ultra（作者：app.xiaoniuniao.top）
　ChatGPTでDALL-Eを利用して画像を生成するのとまったく同じように、DALL-3 Ultraを利用すれば、プロンプトにテキストで指定した画像が生成されます。DALL-Eと異なるのは、テキストで指定したものをDALL-3 Ultraがもっと細かく指定し、イメージしたものを具体的な言葉に変換して表示し、さらにそれを画像として表示してくれます。画像生成時にどんなプロンプトを入力すればよいかの参考にもなります。

スカイツリーを描かせてみた

・広告で使える美人美女画像生成BOT（作者：MASANOBU AIKO）

　ChatGPTなら画像生成のDALL-Eが使えるとはいっても、イメージした通りの画像を生成させるのは大変な作業です。最近ではテレビCMなどでも生成AIが利用されるようになってきましたが、イメージ通りの画像はなかなか生成できません。

　そこで利用してみたいのが、文字通り「広告で使える美人美女画像生成BOT」というGPTです。広告に使うかどうかは別にして、場面や職業などを指定するだけで、美しい女性の画像が表示されます。クオリティも高く、社内の文書などで利用するならこれで十分ではないでしょうか。

Chapter 6 GPTストアを活用しよう

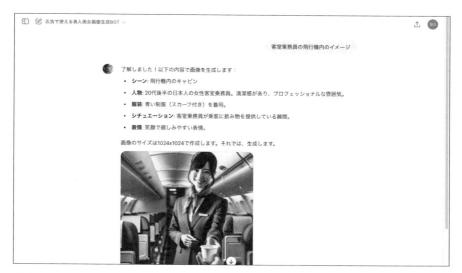
客室乗務員のイメージを描いてみた

・ORIGINALL-E 4X Image Generation（作者：SUGURU（@SuguruKun_ai））

　一度に4枚の画像を連続して生成してくれるGPTです。ユーザーが指定したプロンプトから、詳細なプロンプトを作成してDALL-Eで画像を生成してくれます。リアルタイム情報の取得も可能で、天気やニュースといった最新の情報を反映した画像を生成してくれます。

飛行機を描いてみた

231

画像生成のもととなる指定は、日本語での指定でも英語に置き換えられて指定されるため、より詳細な指定でイメージしたものに近い画像が生成される可能性が高いようです。

・VideoGPT（作者：ALBIN SAJEEV）

　ChatGPTでは、ビデオ、動画といったものを生成することはできませんが、どんなシーンや動きをビデオとして撮影すればいいのか、その映像とナレーションのヒントを作成してくれるのがVideoGPTです。VideoGPTは60秒までのインパクトのある動画を作成するために、どのようなシーンでどんなナレーションを入れればいいのかを回答してくれます。

　よりイメージに合うビデオにしたければ、作成するビデオの目的や動画を視聴する相手、ビデオに含めたい具体的な映像、それにアニメーションやエフェクトといった効果も指定するといいでしょう。

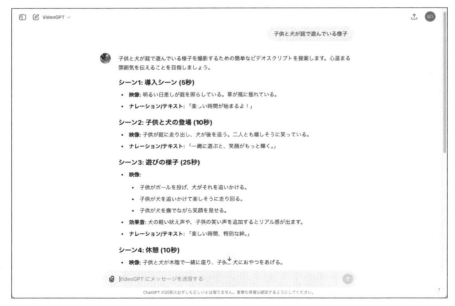

どのようなシーンとナレーションがいいのか、秒数とともに回答される

プログラミングに活かせるGPTs

おすすめのプログラミング作成支援GPTs

ChatGPTの得意分野のひとつに、プログラミングがあります。実行したい機能と利用するプログラミング言語を指定すれば、ChatGPTはそのコードを表示してくれます。

もちろん、間違ったコードを出してくることもありますが、最初からすべて自分で作るよりも、GPTが表示してくれたコードを手直しするほうが、ずっと効率的なコーディングができます。

このプログラミングのときに役立つGPTも、いくつも配布されています。

・Grimoire（作者：gptavern.mindgoblinstudios.com）

Webサイトやアプリケーションの作成支援のGPTです。プロンプトで実現したいことを入力するだけで、最新の開発手法に基づいたアドバイスを回答してくれるとともに、ユーザーの要求に応じて機能する、カスタムコードを生成してくれます。Web開発や、特定アプリの開発などでこれを利用すれば、効率的なコーディングも可能です。

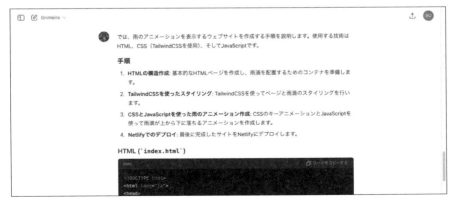

雨のアニメーションを表示するWebサイトを作成してみた

・Code Teacher（作者：Karol Munoz）

　プログラムを作成するとき、特に初心者のうちはどのような命令やどのようなコードを書けばいいのか、マニュアルを片手に奮闘することでしょう。

　こんなときマニュアル代わりに活用できるのがCode Teacherです。Code Teacherにコードの書き方や機能などを質問すれば、実例を示しながら詳しく解説してくれます。コードを添付してエラー箇所を訂正してもらう、といったことも可能です。コードを書くとき、初心者ならぜひ手元に置いておいて活用したいGPTです。

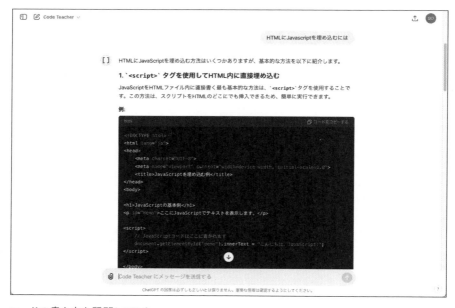

コードの書き方を質問してみた

・Java Assistant（作者：guliucang.com）

よく利用されているプログラミング言語に、Javaがあります。オブジェクト指向のプログラミング言語で、多くのライブラリやフレームワークが利用できます。

このJavaでプログラムを作成しているとき、アシスタントになってくれるのがJava Assistantです。作成中のコードをアップロードして、デバッグ（エラーやバグを見つける作業）してもらい、エラー箇所を正しいものに訂正してもらう、などといった作業にも向いています。

機能を実現するためのコードを書いてもらう

・HTML + CSS + Javascript（作者：Widenex）

　会社やプロジェクト、あるいは趣味のサイトやWebページを作成するとき、HTML言語とスタイルシート、JavaScriptなどの知識は必須といえるものです。

　細かな部分までイメージ通りのページを作成するためには、どのようにデザインを指定すればいいのか、ページに特別な機能を持たせたいとき、JavaScriptでどのように記述すればいいのかなど、迷うことも多いはず。こんなとき役に立つのが、HTML + CSS + JavascriptGPTです。

Webページ作成の基本構成を表示してみた

趣味に活かすGPTs
おすすめの日常生活や趣味などに役立つGPTs

　仕事ばかりでなく、日常生活や趣味などにもGPTを活かしたいもの。旅行や料理など、最新情報も取り込んだガイドは、ChatGPTの得意とするところです。この分野にもさまざまなGPTが配布されているので、気に入ったものを見つけて活用してみるといいでしょう。

　そして配布されているGPTに不満があれば、もっと面白くて便利なGPTを自作したり、作成したものを公開したりするのもいいでしょう。あなたの作ったGPTが、きっと世界中の誰かの役に立ってくれるはずです。

・Travel Guide（作者：capchair.com）
　世界中の旅行先に関する情報を提供し、また旅行計画を立てるアシスタントとして活用できるGPTです。行き先や観光地といった情報から、予算や気候、ホテルやフライトの価格の比較まで、実にさまざまな情報を知ることができます。

　実際の旅行計画を立てるだけでなく、仮想の旅行計画を立て、AIの中で旅行してみるのも楽しいものです。緊急時の連絡先や旅行保険といった情報まであり、実際の旅行計画を立てるときにも実用的なGPTです。

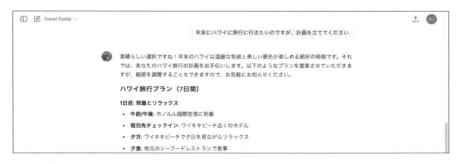

旅行の計画を立ててもらう

• Cooking & Recipes（作者：AI Research+）

　料理のレシピを表示してくれるGPTです。調理法だけでなく、手元の材料を記入すると、その材料でできる料理のレシピや料理のコツ、アイデアなども表示してくれます。

　毎日の献立に悩んだり、レパートリーを広げたりしたいとき、世界のめずらしい料理の調理法を知りたいときなど、料理に関することなら何でも聞いてみるといいでしょう。

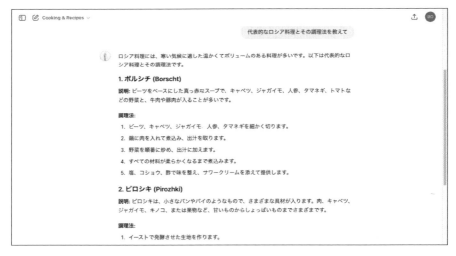

ロシア料理について聞いてみた

• Game Journey - RPG Storyteller（作者：sjgpts.com）

　ゲーム好きが高じると、自分でもゲームを作ってみたいと思う人もいるでしょう。そんな人には、このGame Journey - RPG StorytellerはうってつけのGPTでしょう。

　Game Journey - RPG Storytellerではインタラクティブなストーリーゲームを作成できます。ストーリーからシナリオ、イメージまで生成でき、会話していくだけで楽しいゲームが作成できます。自分だけのオリジナルゲームを作って、友人と楽しんでみるのもいいでしょう。

Chapter 6 GPTストアを活用しよう

洞窟探検RPGを作ってみた。画像も生成されている

・Fortune Telling（作者：HUI GE）

　占いGPTです。名前や生年月日を伝えることで、キャリアや恋愛に関するアドバイスが表示され、さらに未来予測までしてくれるGPTです。どんなアドバイスが表示されるか、どんな未来が待っているのか、恋人とうまくいくのか……、さまざまな悩みや相談にのってもらえる頼もしいGPTです。

　もちろん、信じるか信じないかは、あなた次第。仕事の息抜きに楽しんでみてください。

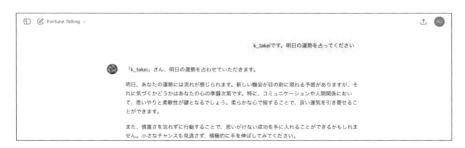

明日の運勢を占ってみた

239

GPTストアへの公開

世界中のユーザーに利用してもらう

　GPTストアには、実に多くの、そしてさまざまな種類のGPTがあります。2023年11月のプレオープンからわずか2カ月で、300万本以上のGPTが作成されたともいわれているので、現在はどのくらいの数になるのか想像もつきません。

　これほど多くのGPTが作成・公開されているのは、ひとつにはGPT Builderによって誰でも簡単にGPTが作成できるからでしょう。アイデアさえあれば、簡単にユニークなGPTが作成できるのです。

　さらにGPTストアはその名の通り、作成したGPTを販売できるショップにもなる予定です。現在のところストアとして、作者に収益を還元しているという話は聞きませんが、いずれはAIのプラットフォームとして作者に収益が発生するようになることも予想できます。

▼GPTストアへの登録の仕方

　作成したGPTは、実は誰でもこのGPTストアに登録し、世界中のユーザーに利用してもらえるのです。GPTを作成し、最後に「GPTを共有する」ダイアログボックスで「GPTストア」を指定するか、またはGPT Builder画面右上の「共有する」ボタンをクリックすると「GPTを共有する」ダイアログボックスが現れるので、ここで「GPTストア」を指定することで、作成したGPTをGPTストアで公開できます。

GPT Builderの「GPTを共有する」ダイアログボックス。ここで「GPTストア」を指定する

さらに、このダイアログボックスには「カテゴリー」という欄があります。これはGPTストアのどのカテゴリーに登録するかを選択するもので、DALL-E、Writing、Productivity、Research & Analysis、Programing、Education、Lifestyle、Otherの中から選択して指定します。

「GPTを共有する」ダイアログボックスで「GPTストア」にチェックマークが付いているのを確認し、カテゴリーを選択したら、「保存する」ボタンをクリックします。これであなたが作成したカスタムGPTが、GPTストアに登録され、世界中のユーザーに利用してもらえるようになりました。

GPTストアで検索すると、自分の作成・公開したGPTが表示された

「GPTを共有する」ダイアログボックスで「保存する」ボタンをクリックした直後には、GPTストアにちゃんと並び、世界中のユーザーが利用できるようになっているのです。

GPTストアで公開しているGPTをクリックすると、詳しい内容がダイアログボックスで表示されますが、この中には「評価」という欄もあり、利用したユーザーによる5段階評価が表示されるようにもなっています。

GPT Builderを使い、ほんの30分程度で作成したGPTが、ストアに並んで世界中のユーザーに利用されているところを想像してみてください。それはワクワクするような体験ではないでしょうか。世界中のユーザーに使ってもらうためには、GPTの説明なども英語で記述しておく必要があるかもしれません。

しかもGPTストアに並んだGPTは、いずれは利用者数などによって、収益が作者に還元される可能性もあります。

　ChatGPTのカスタムGPTには、そんな新しい未来を感じさせるだけの魅力が詰まっているのです。あなたもぜひ、便利で楽しい自分だけのGPTを作成し、公開してください。

索　引

記号・数字

+ 61
4コマ漫画を描く 170

A

ActionsGPT 140
Ai PDF 225
API 46, 117, 186

C

ChatGPT Plus 37, 40
Code Interpreter 39, 103
Code Teacher 234
Cooking & Recipes 238

D

DALL-3 Ultra 229
DALL-E 84, 170, 174
DALL-E3 37
DALL-E画像生成 64
Data Analyst 217
Diagrams: Show Me 227

E

Expense Report Assistant 218

F

Fortune Telling 239
frequency_penalty 92

G

Game Journey - RPG Storyteller 238
GCP 121
Google Calendar API 126
Googleカレンダー 120, 138
GPT 15
GPT Builder 46
GPT Builderの起動 48
GPT Finder 226
GPT-3.5 18
GPT-4 18
GPT-4o 18
GPT-4o mini 18
GPTs 15
GPT使用の制限 36
GPTストア 15, 39, 58, 211, 214
GPTの配布 39
Grimoire 233

244

H

HTML + CSS + Javascript ·············· 236

I

Innovators lens ······························· 220
IPAex フォント ······························· 107

J

Java Assistant ································· 235

N

n ··· 90
Noto Sans JP フォント ················· 107

O

OAuth クライアント ID の設定 ·········· 132
OAuth の設定 ·································· 128
OpenAI o1-mini ······························· 18
OpenAI o1-preview ··························· 18
Open-Meteo ···································· 117
ORIGINALL-E 4X Image Generation ····· 231

P

Paper Interpreter（Japanese）·············· 224
PDF 形式への変換 ···························· 194
presence_penalty ······························ 92

S

StockGPT ·· 219

T

temperature ····································· 91
Travel Guide ······························ 33, 237

U

URL の指定 ····································· 184

V

VideoGPT ·· 232
Voice In ·· 156

W

WebPilot ··· 203
Wolfram ·· 228

あ行

アカウントの作成	20
アクション	64, 117, 121
ウェブ参照	38, 64, 97
英会話学習サポートGPT	156
音声入力	156

か行

回数制限	96
会話の開始者	63
会話履歴	21
箇条書き	89
カスタマイズ	26
カスタムGPT	32, 46
カスタムGPTの調整	93
画像生成	100, 170, 229
画像のアップロード	153
画像の表示	83
機能	63
基本操作	23
共有するユーザーの範囲	58
クライアントID	134
グラフ	105
クリエイティブ用途のGPT	168
経費精算	153
言語設定	25
広告で使える美人美女画像生成BOT	230
構成	61
コード	104

さ行

コードインタープリターとデータ分析	64
言葉遣いの決定	55
コメントアウト	95

指示	63, 67, 80, 82, 178
自社ロゴの作成	174
自動ブログ記事生成	222
自動マインドマップ作成	218
承認済みのリダイレクトURL	144
スキーマ	140, 186
スケジュール管理	116
スコープ	139
スコープの設定	130
スマホ用ChatGPT	159
接続情報の確認	133
説明	62

た行

大規模言語モデル	15
対話型でのGPTの作成	50
ダミーデータ作成GPT	164
知識	63, 70, 109, 148, 178
追加設定	64
データコントロール	71
データ分析	39, 107, 150
テスト問題作成GPT	160
テストユーザーの登録	136